C. J. TEMMINCK,

OBSERVATIONS

SUR LA CLASSIFICATION MÉTHODIQUE DES

OISEAUX,

ET REMARQUES SUR L'ANALYSE D'UNE NOUVELLE ORNITHOLOGIE ÉLÉMENTAIRE.

PAR

P. VIEILLOT,

Auteur de divers ouvrages d'Ornithologie, et un des collaborateurs du Nouveau Dictionnaire d'histoire naturelle.

A AMSTERDAM,

chez Gabriel DUFOUR, Libraire sur le Rokin.

Et à PARIS, chez le même, rue de Vaugirard, N°. 34.

1817.

* * *

En l'année 1811 Mr. le Professeur Illiger, de Berlin, publia l'analyse de sa nouvelle classification méthodique, ayant pour titre. *Prodromus systematis Mammalium et Avium, additis terminis zoographicis utriusque classis.*

Cet essai obtint un assentiment presque général, la classification des oiseaux, seule partie de ce traité qu'il convient d'examiner rapidement ici, se trouve beaucoup améliorée par ce savant. Il est cependant incontestable que certains genres présentent encore quelques réunions forcées d'espèces, pour lesquelles il aurait été convenable d'établir un plus grand nombre de genres distinctes; un très-petit nombre d'autres genres s'y trouvent créés sans nécessité absolue, et sans que la réunion de plusieurs caractères disparates éloigne les espèces des genres où ils se trouvaient classés par LINNÉ ou par LATHAM; l'auteur étoit en quelque sorte excusable d'avoir proposé ceux-ci, puisqu'il ne les admettait que d'après des caractères souvent mal signalés; c'est aussi par le manque de comparaison avec la nature et la nécessité de s'en rapporter uniquement à la manière de voir d'autres naturalistes (procédés toujours vicieux en fait d'histoire de la nature), que Mr. ILLIGER réunit dans une même famille des genres qui n'y sont point à leur place; les familles sont peut-être aussi trop multipliées, les ordres pas assez nombreux et les caractères trop vaguement indiqués pour un si grand nombre de familles. En remplacement de quelques dénominations de genres proposées par LATHAM et d'autres, reçues et généralement accréditées dans les ouvrages, mais qui ne sont pas suivant toutes les règles de la nommenclature, on voit figurer à regret dans le *Prodromus* des noms nouveaux tirés du grec, qui pour être plus conformes et d'après les principes de bonne nommenclature surchargent inutilement la mémoire Par contre les caractères essentiels des genres sont fondés sur des signes constants pris toujours des mêmes parties, définis et émis avec tant de netteté et de précision que ceux-ci laissent bien peu à désirer. On pourrait seulement objecter que les caractères pris de la longueur respective que les doigts présentent entre eux, et ceux qui indiquent la forme des écailles sont trop minutieux. En résumé le savant auteur avait fourni les termes techniques avec leur explication; il n'avait épargné aucun moyen pour rendre cet essai propre à servir de guide et de fanal dans la route de la classification méthodique. Les ouvrages de LATHAM et d'ILLIGER ouvrent la barrière et tracent la route qu'il convient de suivre pour perfectionner leur premier plan, posé sur des bases solides. D'après des remarques qui furent faites au savant naturaliste Berlinois, il se proposait quelques corrections et des additions nécessaires, qui auraient parues dans une seconde édition du *Prodromus*, lorsqu'une mort prématurée le ravit à la science

L'essai du professeur de Berlin fut non-seulement adopté comme guide dans plusieurs cours d'instructions publiques en Allemagne et en Hollande, mais il servit aussi de base aux ouvrages d'ornithologie qui parurent depuis. Mr. Illiger avait utilisé dans son *Prodromus* les vues nouvelles d'un Bichstein et d'un Meyer en les citant pour leurs découvertes; ceux-ci dans leurs ouvrages récents utilisèrent les siennes; je le pris également pour guide dans les ouvrages publiés en 1813 et 1815 formant la classification méthodique des monographies sur les oiseaux compris dans les ordres des *Pigeons* et des *Gallinacés*, ainsi que dans mon *Manuel, ou tableau systématique des oiseaux d'Europe;* dans l'avant-propos de cet ouvrage qui parut en 1815, je me suis permis quelques vues sur une nouvelle classification méthodique générale, ces vues très-succintement exposées, portent en substance à la page 14 et 15, quelques traits lancés contre cette classe de naturalistes compilateurs qui par leurs systèmes nouveaux et leur nommenclature nouvelle, retardent les progrès dans l'étude de la Zoologie, en ce que ceux-ci commencent toujours par renverser l'édifice méthodique de leurs prédécesseurs. A la page 10 et 11 j'ai dit que les changemens toujours renouvellés dans les dénominations des genres et des espèces, proposés par les naturalistes les plus recommandables, tels que Linné et Latham, sont funestes aux développements des connoissances en histoire naturelle, et que toute dénomination sanctionnée par l'habitude de reconnaitre l'objet à ce signe universellement adopté, quelque défectueux que ce signe de reconnaissance pourrait être sous le rapport des règles grammaticales, se trouvait préférable à une dénomination nouvelle, revêtue de toutes les formes commandées par les règles de la grammaire. A la page 15 j'ai cru nécessaire de rendre les methodistes attentifs à une règle, qu'ils ne devraient jamais perdre de vue, celle de ne créer des divisions, mais surtout des nouveaux genres, qu'autant que des différences bien tranchées, portant sur des caractères faciles à saisir, se présentent pour légitimer l'introduction d'un tel genre dans le système; j'ajouterai encore que pour bien faire il est également urgent de consulter les mœurs, le genre de nourriture et l'anatomie des êtres que l'on veut séparer dans un genre nouveau: ces naturalistes ai-je dit, qui créent dans leur nouveaux systèmes un si grand nombre de genres distincts, lorsqu'il ne s'agit que d'une légère disparité dans un seul des caractères adoptés, tandis que tous les autres conviennent, ne semblent point calculler que l'étude et les recherches en Zoologie ne gagnent point par un semblable moyen, mais que leur exemple en entrainera d'autres à suivre cette route plus facile, et que la classification des animaux comptera sous peu un nombre presqu'égal de genres, qu'il y a d'espèces un peu disparates dans la nature.

Jettons un coup-d'œil sur les progrès dans l'étude de la nature, si rapides depuis un petit nombre d'années; eu égard non seulement aux connaissances sur le nombre des êtres considérablement accru par les soins des savans et des voyageurs, mais aussi par rapport aux recherches précieuses de nos physiologistes les plus distingués, qui portant nos regards alternativement sur les facultés et sur les formes diversifiées des êtres, nous font aprécier le plan sur lequel leur organisation a été basée; ils nous montrent que la nature, quoique travaillant constamment par le moyen de matériaux presque toujours les mêmes dans leurs élémens, mais seulement variées à l'infini dans les formes, se trouve avoir tracé le plus souvent elle même la route la plus sûre à suivre pour classer ses productions multipliées. Portons encore nos regards avec reconnaissance sur les travaux de ce grand génie, qui éclairant la route souvent obscure de l'étude de la nature, nous développe à l'aide de l'anatomie comparée, les voies les plus infaillibles et les moyens les plus sûrs pour guider la marche graduée que le méthodiste doit suivre dans la classification des êtres; cette science placée à la tête de l'histoire naturelle des animaux, est la matrice où les méthodes Zoologiques viennent recueillir les fragmens précieux, qui doivent servir à élever les colonnes sur lesquelles l'édifice méthodique doit être assi. (*a*)

A l'aide de tels moyens pour guides, en imitant de tels modèles, ne doit-on pas se flatter de voir paraître des essais plus propres à servir d'élémens pour composer de bonnes méthodes en Zoologie, mises à niveau de nos connaissances actuelles, basées sur les facultés intellectuelles des êtres et sur les ressorts variés de leurs organes. Les connaissances des mœurs et de l'anatomie sont deux sciences sœurs, compagnes inséparables d'une bonne classification méthodique. N'est-il

(*a*) La grande anatomie comparée du règne animal, dont Mr. le professeur Cuvier se propose d'enrichir la science, est attendue de tous les savans naturalistes avec le plus vif désir: cet ouvrage ne peut manquer de répandre de nouvelles lumières en Zoologie. S'il est permis de croire qu'il est réservé à un seul homme d'embrasser dans son travail non seulement l'ensemble de l'organisation animale, mais de poser en même tems toutes les bases qu'exigent les grands embranchemens des êtres, avec tous les détails indispensables pour établir l'ordre dans les quatres classes des animaux vertèbres, il est certain que Mr. Cuvier est celui dont on peut attendre l'accomplissement de ce grand et utile but. Nonobstant les nombreux travaux de ce grand homme, je suis intimement convaincu que la partie qui traitera de l'ornithologie sera la moins complette des quatres classes, et que si l'ouvrage de ce physiologiste célèbre laisse encore des lacunes, ce sera dans la classification des oiseaux qu'elles se reproduiront en plus grand nombre.

pas à souhaiter pour les progrès de l'ornithologie, seule partie du règne animal qui m'occupe en ce moment, que des naturalistes à portés de comparer la méthode avec la nature, soit par des observations exactes et souvent renouvellées sur un grand nombre d'objets dans leur état naturel, ou bien par l'examen et des comparaisons faites dans tous les principaux cabinets de l'Europe, nous fassent part d'additions supplémentaires propres à completter les travaux du savant professeur de Berlin. Un tel auteur en publiant un essai ou l'analyse de sa méthode basée sur l'ouvrage précieux de Latham, trouvera encore abondamment de gloire à recueillir dans l'honneur que lui feront ses découvertes; en suivant pour ses nouvelles additions une règle constante et une nommenclature pure et selon les principes, l'auteur rendra ses conceptions inséparables de son nom, en rendant un juste tribut d'hommages aux travaux de ses prédécesseurs et de ses contemporains, ou en les réfutant si leurs opinions ne se trouvent point en harmonie avec la nature, il ajoutera encore un plus grand mérite à son travail, devenu le guide le plus sûr et le fanal dans la route méthodique.

Bien loin de suivre de tels modèles ou de perfectionner ses vues sur les plans plus ou moins étendus qui ont servi de base aux naturalistes modernes; Mr. Vieillot publie l'analyse d'une nouvelle classification méthodique, qui bouleverse tous les systèmes qui ont paru précédemment et de nos jours; basée seulement sur quelques signes extérieurs auxquels souvent n'est point attaché une importance égale; divisée sans nécessité absolue en tributs et familles, faisant partie d'ordres qui portent des caractères trop vagues et donnent trop de latitude; subdivisés en des genres multipliés sans nécessité absolue; ces genres (alors que l'on voudrait suivre le plan tracé par l'auteur), trop peu nombreux en proportion des êtres connus, qui n'ont point fait partie de ses recherches, puis encore une subdivision en sections si nombreuses, qu'il ne faudra qu'un pas de plus pour que les espèces disparaissent et qu'ainsi faisant l'ornithologie comprendra uniquement des genres et des sections; enfin un pillage un peu trop effronté, consistant à s'approprier les recherches et la nommenclature publiés par des auteurs contemporains, qui ne se trouvant point cités, voient les fruits de leurs conceptions altérés dans le sens des mots ou par une ortographie différente. Ces considérations m'ont engagé à publier quelques remarques sur l'analyse mise au jour par Mr. Vieillot; d'autres motifs m'ont également déterminé: 1°. les vœux que je forme de voir la classification méthodique suivre une marche plus égale, en harmonie avec la nature, 2°. les souvenirs dûs aux travaux d'un Illiger; l'hommage justement mérité qu'on doit aux écrits de Latham, Bechstein, Merrem, Meyer et Leisler, 3°. enfin le droit que j'ai de défendre le fruit de mes recherches contre ceux qui y portent atteinte. Toutes ces considérations réunies ont fait naître les réflections contenues dans cette brochure.

L'essai publié en 1816 par Mr Vieillot porte pour titre, *Analyse d'une nouvelle ornithologie élémentaire*.

L'auteur débute par ce qui suit.

« M'étant assuré par un examen approfondi et
« des observations réitérées, que beaucoup d'oi-
« seaux nouvellement découverts ne pouvaient

« être rangés dans les genres établis sans y être « déplacés, et que parmi les autres il en est un « certain nombre qui ne sont pas classés conve« nablement, j'ai pensé qu'un nouveau traité élé« mentaire, mis au niveau de nos connaissances « actuelles, devenait de la plus grande nécessité « pour celui qui veut s'adonner à l'étude de l'or« nithologie. Tel est le travail dont je me suis « occupé. Persuadé cependant qu'on ne doit faire « que des innovations reconnues utiles, et que « tout autre changement, bien loin de contribuer « aux progrès de la science, *ne fait que causer « du désordre dans les idées, embarrasser et « tromper la mémoire, j'ai suivi la route tracée « par nos meilleurs méthodistes modernes*, en pre« nant pour base le système de Linné, avec d'au« tant plus de motifs, qu'il a l'assentiment géné« ral. (*)

Ne serait-on pas en droit de présumer, en voyant l'auteur entrer en matière d'après ce plan, qu'il va nous indiquer succintement les autorités sur lesquelles il veut baser sa méthode mise en niveau des découvertes faites depuis Linné et particulièrement de nos jours? point du tout, au lieu *de suivre les traces des naturalistes modernes les plus accrédités*, et *de prendre pour base le système de Linné*, l'auteur bouleverse et laboure totalement le plan sur lequel ses prédécesseurs ont travaillé, et le système de Linné n'est pas plus reconnaissable dans son livre que le système de Latham qu'il loue à juste titre. Pour ne point *embarrasser et tromper la mémoire inutilement*, on auroit du supposer que le savant, qui prétend suivre *les traces de ses prédécesseurs*

(*) Les phrases en caractères italiques ne se trouvent point ainsi dans l'original, je les ai indiquées ainsi afin d'attirer l'attention du lecteur sur le but que Mr. Vieillot se propose.

aurait aussi suivi les dénominations que ces auteurs ont données à leurs ordres, à leurs genres et de là naturellement aux espèces destinées à faire partie de ceux-ci; mais ici on voit encore une nommenclature nouvelle où figurent des composés du grec sur lesquels la suppression de quelques lettres, une étymologie, ou une orthographie différente produit une série de noms absolument nouveaux à l'oreille, et qui surchargent inutilement la mémoire de ceux qui se sont déja fait à la nommenclature employée par la plupart des naturalistes que Mr. Vieillot prend pour modèles. On aurait encore su gré à l'auteur, si en altérant et en sapant dans ses bases les fondemens sur lesquels les systèmes de Linné de Latham et d'Illiger ont été formés, il avait eu pour but dans cette réforme utile, de mettre enfin la méthode ou la partie systématique de l'étude de la nature dans une concordance plus heureuse avec la nature elle-même; c'est-à-dire coordonnée sur le plan dont l'organisation animale, les mœurs et la nourriture servent de base en même tems que d'élémens propres à fournir les caractères pour les principales grandes divisions qu'il convient d'établir; car dans le vaste plan de la nature nous ne trouvons point des formes propres à nous induire en erreur sur leur destination; les membres, les organes et les muscles sont toujours assortis aux grandes fonctions animales pour lesquelles ils ont été créés. Nos conceptions bornées jusqu'à un certain point, les voies qui nous sont encore cachées, dans le vaste ensemble de la création, nous portent souvent encore à des doutes, à des incertitudes; il nous est souvent difficile de mettre le plan sur lequel la nature a travaillé en concordance parfaite avec le plan de nos méthodes artificielles, mais faut-il pour cela négliger celles qui nous sont connues, et pour quelques peu de lacunes qui s'offriraient dans une méthode ainsi basée, bouleverser à chaque nouvelle conception que notre esprit enfante, tout ce qui a été fait avant nous sur les mêmes bases arbitraires.

Ce n'est qu'en hésitant que j'ose me permettre de citer les essais de Mrs. Bechstein, Meyer et le mien pour modèles; renfermés plus ou moins tous les trois dans un rayon peu étendu, nous n'avons pu embrasser par nos observations sur la nature qu'une bien petite portion du plan général, mais je présume que nos tentatives ont fait voir, qu'en prenant l'étude de la nature et non la compilation et l'étude de cabinet pour premiers moyens de comparaison, il n'est pas bien difficile des coordonner le plan de la nature sur celui d'une bonne méthode artificielle. Je conviens volontiers de quelques lacunes dans nos travaux, mon manuel est loin d'en être exempt. J'espère cependant que par des observations encore plus minutieuses faites sur la nature, il me sera possible de donner un plus haut degré de perfection à cet ouvrage. Les critiques dont plusieurs naturalistes Allemands et Français ont bien voulu m'honorer, sont avec quelques nouvelles observations que j'ai pu faire, les précieux élémens qui me guideront à un travail plus perfectionné. Si des savans doués du talent d'observer la nature, veulent me faire l'honneur de me communiquer les vues critiques qu'ils pourraient encore faire sur mon manuel, je les prie de ne point les ménager; ils auront coopéré par ce moyen au plan que je désire accomplir.

Voyons maintenant les suppressions que l'auteur convient avoir faites dans le système de Linné, et examinons si la première est fort heureuse.

« J'ai néanmoins", dit-il, « supprimé l'ordre « *picæ* de Linné (*) et je l'ai fondu avec ses « *passeres*, vu que les uns et les autres ont une par- « faite analogie dans les attributs que m'a fourni « le pied, la seule partie que j'ai consultée pour « caractériser mes ordres, et la seule qui m'a paru « admisible pour quelques-unes de ces grandes « divisions."

Ici l'auteur avoue que les caractères pris des pieds souffrent exception comme base première, puisque dans cinq ordres ils sont applicables seulement à *quelques-unes* de ses grandes divisions: nous verrons aussi en établissant les comparaisons des ordres entre-eux, lorsque nous en serons à la classification, combien peu il a ajouté d'importance à cette base fondamentale, qui admet plusieurs exceptions, et donne trop de latitude pour la classification de genres. (†) Je ne vois point qu'on nuise en ajoutant aux caractères pour les ordres autant de moyens de reconnaissance que les genres le permettent pour généraliser les caractères propres à tous. Au reste, il n'y a point d'inconvénient à créer un plus grand nombre d'ordres, ce plan se trouve même indiqué plus ou moins par la nature qui a lancé un plus grand nombre de groupes où viennent se réunir un plus petit nombre de gen-

(*) On doit observer que Mr. Vieillot n'est point le premier qui fait cette réunion; en plagiaire comsommé il la copie du tableau élémentaire de Mr. le professeur Cuvier, dont il ne fait aucune mention.

(†) Nonobstant cette latitude, qui permet les réunions de forme et de mœurs très-différentes, nous voyons dans ces grands ordres plusieurs exceptions pour des genres entiers d'oiseaux auxquels les caractères donnés ne peuvent convenir; comme dans le 2e. ordre, page 25 se trouvent exclus les genres *alcyon-guêpier* et *grallarie;* dans le 4e. ordre page 53 les genres *bécasse-secrétaire* et *blongios*, avec encore denx autres genres que l'auteur omet d'indiquer.

res, dont les caractères principaux sont ceux établis pour les groupes. Ces considérations devaient particulièrement s'offrir à l'auteur de notre analyse, vu que dans son plan il se trouvait avoir deux cents et soixante treize genres à classer, (*) seulement dans cinq ordres; tandis que Linné n'en avait que quatre vingt pour ses six ordres, et que Lathám en comptait cent trois, pour neuf ordres. On pourrait dire, sans trop s'éloigner de la vérité, que Mr. Illiger a formé quarante un ordres, pour cent quarante sept genres, vu que les caractères qu'il donne pour les sept ordres réels qu'il établit, sont d'une valeur peu importante, tandis que ses caractères de famille ont toutes une importance égale aux caractères qui servent de base à ses genres: Il n'en est pas de même du travail de Mr. Vieillot, où les bases essentielles des tributs et des familles reposent sur un grand nombre de caractères qui varient à l'infini. Pour classer les oiseaux d'Europe qui forment dans mon manuel quatre vingt trois genres, j'ai formé 13 ordres, auxquels j'aurais dû ajouter encore un ordre, notemment entre le dixième et onzième, où le seul genre des *alectorides* d'Europe, celui du *glaréole*, doit doit prendre place. (†) Jusqu'à présent je n'ai

(*) En énumérant encore à ces genres formés par M. Vieillot, les espèces nombreuses d'oiseaux nouveaux que l'auteur n'a pas été à même de voir, vu qu'il n'a établi son analyse basée sur les découvertes nouvelles, que d'après les cabinets de Paris, et principalement d'après le riche Muséum de cette capitale, alors les genres seront plus nombreux. Pour avoir travaillé dans les principaux Museums de l'Europe, et recueilli des observations dans la plupart des cabinets, je puis assurer, sans trop hasarder, que Mr. Vieillot, par une inspection plus générale des découvertes faites depuis Linné, aurait pu ajouter encore quelques douzaines de genres à sa méthode, et l'on peut, *en suivant le plan tracé par l'auteur*, porter le nombre de ses genres au terme moyen de trois cents.

(†) Comme les oiseaux propres aux contrées de l'Europe

rencontré de critiques que sur mon ordre cinquième, formant celui que j'ai tâché de nommer convenablement par *scansores*, sentant nonobstant, et l'ayant fait remarquer, que la réunion des genres dans cet ordre était plus ou moins forcée, nous verrons que Mr. Vieillot a été bien mieux avisé en formant ses tribus des *zygodactyles* et des *anisodactyles*. En formant donc un plus grand nombre de groupes naturels, qu'on nommera si l'on veut *ordre*, on évitera les subdivisions trop nombreuses en tributs et familles, qui pour n'avoir pas en partage un nombre suffisant de caractères d'une importance majeure, et toujours égale dans toutes, surcharge inutilement le système; en ne donnant point aux ordres des caractères trop illimités, et en ajoutant sur tout beaucoup à l'importance des caractères propres aux genres; en ne multipliant ceux-ci qu'à la plus stricte rigueur, et lorsque plusieurs caractères disparates en commandent la nécessité, alors on simplifiera beaucoup la méthode, et les recherches deviendront plus faciles à faire (*).

Mr. Vieillot réunit, ainsi que je viens de l'indiquer, tous les oiseaux compris dans les ordres *picæ* et *passeres* de Linné en un seul ordre; La-

fournissent le plus grand nombre des espèces analogues à celles qui se trouvent dans d'autres parties du globe, il n'y aurait qu'un très-petit nombre d'ordres à ajouter au plan général.

(*) Comme modèle de classification à suivre pour le système d'ornithologie, on pourrait citer dans l'embranchement des animaux vertèbres, la première classe composée des mammifères. Les savants Cuvier, Geoffroy et Illiger ont fait voir que la classification méthodique, tracée sur un plan ainsi conçu, et basée sur l'organisation animale, a un mérite plus réel, en ce qu'elle est plus conforme à la marche qui parait se développer dans le plan de la création, et qu'elle facilite en même tems les moyens de recherches et de comparaisons en les simplifiant. Le savant Linné avait formé sept ordres pour classer quarante genres de mammifères; Mr. Illiger dans son *prodromus* établit quatorze ordres pour cent-vingtcinq genres.

tham avait divisé ces deux groupes en trois ordres, l'auteur aurait également, et par les mêmes motifs, pu admettre tout l'ordre *accipitres* dans sa nouvelle division, portant le nom de *Sylvicolae;* maintenant ce grand ordre réunit cent cinquante trois genres, et comprend plus de la moitié de ceux dont le système se compose. Sans parler encore ici des réunions les plus disparates, quand à la partie proposée comme essentielle dans la forme des pieds, nous voyons figurer, dans une même division, des groupes entiers d'oiseaux, que la nature semble avoir séparés plus ingénieusement par leur organisation, leurs mœurs disparates, et par le genre différent de nourriture qui leur est propre. Omnivores, frugivores, granivores, et insectivores sont ici compris dans un même cadre. Le nom nouveau pour ce second ordre n'est également point d'une invention heureuse; l'auteur propose celui de *Sylvicolae* ou *Sylvains*, *puisque*, dit il, *tous habitent les bois et les bocages pendant la belle saison, et qu'ils nichent sur les arbres, dans les buissons et à terre.* Or il avoue que les oiseaux du genre des *alouettes* des *hoche-queues* ou *bergeronettes* et quelques *sylvains*, auquels il auroit dû encore ajouter la plupart des *pipits* (*anthus*,) n'habitent presque jamais sur les arbres; mais, dit l'auteur, *ils habitent dans les herbes;* et depuis que (Calepini dictionarium, verbo *Sylva*) a dit; *Sylva nomen generale est non solum arborum sed etiam herbarum*, toutes ces différences dans les habitudes et conséquemment dans les appétits de ces oiseaux n'ont plus aucune importance en méthode.

La logique de l'auteur pour admettre les *hirondelles* et les *martinets* revient en substance aux conséquences suivantes. Puisque les rochers ombragés et les arbres creux qui servent de retraites aux *hirondelles* et aux *martinets* d'Amérique et des autres parties du monde en font des *Sylvains*, il est dans l'ordre des probabilités de supposer que nos *hirondelles* et nos *martinets* d'Europe habiteraient encore les grands bois, si la civilisation de cette partie du Globe ne les avaient contraint d'abandonner ces verds bocages, et de s'accommoder pour la batisse de leur nids, de clochers élevés dans nos villes, de nos masures en briques, ou de la toiture de nos habitations rustiques Ils sont par conséquent, suivant les vues de Mr. Vieillot, *Sylvains* d'origine et pour la méthode; et pour que ces sylvains des clochers, des toits et des murailles puissent aller grossir convenablement le nouvel ordre, il sera nécessaire qu'un autre Calepini donne une plus grande latitude à l'étymologie du verbo *Sylva.* Enfin nous apprenons du moins par cette ingénieuse explication, que les *oiseaux de proie*, la plupart des *gallinacés* et quelques *oiseaux riverains* ne sont point des *Sylvains;* et nous devons convenir qu'ici comme partout où l'auteur veut baser ses vues nouvelles sur la nature, le sort ne lui a pas été très-favorable.

Ensuite l'auteur nous apprend qu'il a conservé les noms des genres établis par Linné; nous ne pouvons que l'en remercier et lui savoir gré de ce qu'à l'exemple de Mr. Savigny (*) il n'a point embarrassé notre mémoire inutilement, et transporté des noms généralement adoptés, d'un genre à l'autre, ou du genre aux espèces; ceci n'aurait servi qu'à nous faire chercher avec une peine infinie telle espèce que nous savons trou-

(*) Système des oiseaux de l'Egypte et de la Syrie.

ver maintenant du premier coup-d'œil; cette heureuse idée de l'auteur fait du moins que les ornithologistes s'entendent par rapport à ces peu de genres, nous aurions désiré que Mr. Vieillot eut suivi le même plan dans toute sa classification, et que quelques genres proposés par Mr. Latham, ainsi que le plus grand nombre de ceux établis par Mr. Illiger et les autres ornithologistes n'eusent point subi une réforme plus ou moins générale, ou bien une orthographie différente; d'autant plus que le plus grand nombre de ces noms sont établis suivant toutes les règles prescrites en partie par Linné, mais que celui-ci n'a pas toujours suivies avec la plus stricte rigueur. Plusieurs de ces genres de Linné ont été divisés par Latham et par Illiger, conséquemment longtems avant notre auteur. Que Mr. Vieillot ait jugé utile de classer en de nouveaux genres quelques *héorotaïres* de la nouvelle-hollande, les *guit-guits* d'Amérique et les *souimangas* de l'ancien continent, me parait convenable, même nécessaire. Mais nous ne pouvons trouver de motifs qui auraient pu faire éloigner l'auteur de la séparation ingénieuse et si vraie que Mr. Le Vaillant a faite des oiseaux de paradis, transformés dans la classification page 35 en autant de genres qu'il y a d'espèces connues (*).

Des ornithologistes allemands et hollandais, dit ensuite l'auteur, prétendent que les *falco*, *loxia* et *anseres* de Linné, ne sont pas susceptibles d'être divisés en plusieurs genres, et que les auteurs qui le font, ne les établissent qu'à

(*) Il me parait cependant que Mr. Le Vaillant se trompe sur la place qu'il assigne au *paradisea gularis* Lath. ou *nigra* Gmel. la *pie de paradis* de cet auteur. l'Oiseau désigné doit être rangé avec ceux décrits dans son ornithologie d'Afrique sous les noms de *vert-doré*, *d'éclatant* etc.

l'aide de caractères *fondés sur des bases aussi difficiles à saisir que peu stables.* Comme Mr. Vieillot cite en lettres italiques une phrase de mon *manuel d'ornithologie, à la page* 521; je dois lui répondre, d'abord, que je n'ai point parlé ni fait usage des mots de *loxia* et *anseres* de Linné. 1°. le nom de *loxia* appartient exclusivement au genre *Bec-croisé* (ainsi que je l'ai dit à la page 192 du manuel), conséquemment aux espèces qui portent les caractères donnés par Brisson pour ce genre, ainsi désigné par Aldrovande et Gesner, mais dont Linné avait élargi le cadre en omettant d'indiquer les caractères principaux, afin de pouvoir y admettre une multitude d'autres espèces. Je n'ai donc point parlé de *Loxia*, mais j'ai dit page 197 du manuel. « On ne peut « convenablement établir dans le genre *Gros-bec* « (fringilla), d'autres subdivisions, que celles « qui facilitent la classification du grand nom« bre des espèces dont il est composé Plusieurs « méthodistes ont jugé à propos de classer ces « oiseaux en plusieurs genres, tels que ceux du « *loxia* (*), *pyrhula*, *cocothraustis*, *fringilla*, « *pas-ser*, *carduelis* et (*emberiza* les *veuves*)". 2°. J'aurais dit une absurdité en faisant usage dans le sens général de la dénomination de *anseres*, donnée par Linné pour désigner en masse tous les oiseaux de son troisième ordre. Rien de plus naturel que de diviser les *anseres* en genres: mais j'ai dit page 521, « quelques métho« distes ont voulu former du genre *anas* de Linné « deux autres genres, notemment du *cygnus* et « *anser*, (*cygne* et *oie*), mais les caractères dis« tinctifs qu'ils donnent, sont fondés sur des ba-

(*) Voyez aussi à la page 198 du manuel cité, la note au bas de cette page.

« ses aussi difficiles à saisir que peu stables. Il « en est du genre *anas* comme de celui du « *falco* et du *fringilla*, dont les grandes familles « ne peuvent être divisées en genres, mais que « nous divisons en sections, pour en faciliter « la classification méthodique." — On peut juger par ceci, de l'exactitude de l'auteur, lorsque la fantaisie lui prend de parler des ouvrages de ses contemporains. En même tems que je fais cette remarque, on me permettra de remercier aussi bien sincèrement Mr. Vieillot de ce qu'il me rend attentif à une inconséquence grave dans mon manuel; il dit; *Je demande à ces auteurs comment il se fait que ces mêmes caractères soient faciles à saisir et stables dans leurs divisions, et ne le soient point dans les genres; car il ne peuvent changer de nature, parceque leurs groupes ne sont pas sous les mêmes indices.* Cette critique est parfaitement juste pour toutes les divisions que j'ai établies en classant les oiseaux du genre *falco* de Linné, de Latham et d'Illiger. j'ai, il est vrai, donné trop d'importance aux caractères essentiels de ces divisions; indices qui ne devaient point avoir une importance égale à celle de mes genres (*); mais dans toutes les autres divisions et sections, très-peu multipliées dans mon ouvrage, je n'ai point commis la même inconséquence; mes divisions sont uniquement basées d'après les observations faites sur le natu-

(*) Dans la seconde édition, destinée à paraître l'année prochaine, l'on verra que j'ai mis à profit la remarque de Mr. Vieillot. Cette seconde édition de mon manuel sera considérablement augmentée, non seulement par les observations renouvellées que j'ai faites sur la nature, mais aussi par un supplément, comprenant quinze espèces qui ne font point partie du premier plan; j'y décrirai quatre espèces inédites, dont trois ont été découvertes par moi, dans mes courses le long des plages maritimes de l'Europe.

rel ou les moeurs, la nourriture, mais le plus souvent eu égard aux lieux que des groupes entiers choisissent pour demeure habituelle, comme *sylvains*, *saxicoles*, *riverains*, ou *campestres* et *riverains*; quelques légères modifications prises des caractères extérieurs accompagnent souvent ces divisions, qui rendent les espèces faciles à reconnaître pour tous les naturalistes.

Qu'on me permette encore ici une réflection, dont la proposition en m'éloignant en apparance plus ou moins de la critique sur la classification de Mr. Vieillot, me raprochera des motifs qui me guident, celui de concourir à étendre le cercle de nos connaissances en Zoologie. et celui de contribuer à réunir en une seule, tant de vues différentes sur la classification méthodique.

Que nous ayons fait usage (les naturalistes allemands et moi à leur exemple), en assortissant des petits groupes d'oiseaux, simplement d'une division (*) portant un nom *particulier*, tiré des langues modernes, pour lequel nous n'avons emprunté que des termes usités, même le plus souvent vulgaires; c'est qu'en agissant ainsi, nous avons eu pour but de ne point surcharger la mémoire inutilement; donner matière aux recherches les plus minutieuses sans des motifs d'utilité absolue; faire promener les espèces et souvent des groupes entiers d'un genre à l'autre, comme il n'arrive que trop souvent dans ces méthodes artificielles, strictement méthodiques. N'attacher point une importance équivalente à un groupe dont les êtres diffèrent de ceux des groupes voisins et congénérés, seulement par de légères nuances peu importantes dans les membres ou dans

(*) Pour les seules divisions nous avons employé un nom particulier, mais jamais pour les sections.

les parties du corps destinées aux principales fonctions animales; n'attacher point, dis-je, la même importance de caractères à de tels groupes, qu'à ceux plus propres à être limités par une réunion de caractères disparates empruntés de toutes, ou seulement de ces parties principales qui servent à ces grandes fonctions animales (*); celles-ci produisent des formes différentes, faciles à distinguer et les mêmes ou seulement varieés par de légères nuances dans les espèces différentes, et qu'alors on qualifie du nom de *genre.* Il est convenable pour servir à caractériser et à distinguer les genres, ainsi composés, de se fixer aux formes que présentent, 1°. la construction du bec en général, sa forme en proportion de la longueur ou de la largeur de la tète: 2°. la forme des deux mandibules, et les caractères accessoires qui les distinguent: 3° la place qu'occupent les narines, leurs formes, les différens caractères qui les distinguent; de quelle façon elles sont percées dans la mandibule: 4°. la structure des pieds, en particulier du tarse, la position et la distribution des doigts; la séparation ou l'union des phalanges; enfin la forme des ongles. A ces quatres rubriques se bornent les caractères qu'on peut nommer essentiels: suivent alors les caractères accessoires qu'on peut prendre indifféremment; 1°. des ailes en proportion de la longueur du corps ou du tronc; de leur forme et de la longueur respective qu'ont entre-elles les premières rémiges; 2°. les accessoires charnus ou osseux, du bec ou de la tête,

(*) Tels que dans la classe des mammifères, les dents, les pieds, les mammelles; dans les oiseaux le bec et les narines ainsi que les pieds; dans les reptiles les organes de mouvement et la forme totale; dans les poissons la tête et le mécanisme des parties qui en dépendent, ainsi que des nageoires et de leur position.

la forme constante des huppes et d'autres prises de la queue, du nombre des pennes etc.

Il est de la plus haute importance de répéter à chaque genre les caractères essentiels, surtout ceux pris du bec et des narines; par cette réunion on rapproche les formes modifiées sous lesquelles se présentent deux sens différents, qui se prêtent mutuellement de grands secours dans les fonctions animales de cette classe des êtres; les caractères analysés de ces parties, ont en effet une importance reconnue au dessus de ceux que l'on peut établir d'après les pieds et de leur formes; car à n'examiner que la seule tête d'un oiseau, on peut définir, suivant des caractères faciles à saisir, qu'offrent cette partie, la plupart de ses fonctions animales. La nutrition, cette fonction vitale qui occupe le premier rang chez tous les êtres, se trouve indiquée à la seule inspection du bec d'un oiseau; le plus souvent, et par analogie à cette fonction première, on y découvre les indices qui font juger ses mœurs, ses habitudes et les lieux fréquentés de préférence, toujours déterminés suivant le genre de nourriture habituelle. Il importe de donner à un genre ainsi établi la dénomination la mieux assortie à toutes les espèces; dénomination qui étant reçue ou usitée plus ou moins, ne doit plus subir d'altération quelconque, par motifs de vues divergentes.

En ne donnant point, (les naturalistes allemands et moi), à nos divisions de genre, auprès du nom moderne ou vulgaire, un nom de racine grecque ou emprunté en entier de la langue latine; nous avons eu pour but de faire rémarquer le moindre degré d'importance que nous attachons à ces petits groupes, composés d'espèces pourvues des principaux caractères essentiels, signalés dans nos genres. Les noms empruntés des langues modernes, assortis suivant les pays où ces langues sont usitées, sont plus convenables; ils peuvent se trouver plus ou moins bien assortis avec un second mot, qui en rendant attentif à de légères nuances dans les caractères accessoires, suffit pour fixer l'attention sur les points de contact; comme, pour ne siter qu'un petit nombre d'exemples, *milan-buse*, *milan-cresserelle*, *perruche-ara*, *perruche-ingamabe*, *cacatoe-ara*, *corbi-veau* etc. Qui ne reconnaîtra à de telles indications, ce petit nombre d'êtres mixtes, propres à lier entre-eux des familles plus nombreuses d'animaux, que la nature semble ne pas vouloir séparer, puisque par leur organisation musculaire, par la charpente osseuse dont leur squélete se compose, par leurs organes vitaux ou de nutritution, par les facultés dont ils sont doués, par leur manière de vivre, leurs habitudes principales, leurs appétits, enfin par les caractères extérieurs les plus remarquables, sur lesquels la classification méthodique base ses dissemblances, ne s'éloignent point des autres espèces voisines. Pour de tels êtres isolés et pour de pareils groupes, il n'est point nécessaire d'inventer des noms nouveaux; encore moins utile de réunir quelques caractères soi-disant disparates, mais qui ne different réellement, en les analysant et en les confrontant, que par un nom différent, donné à des formes approchant les mêmes, quelquefois aussi a une sorte d'explication forcée, qu'on réduit souvent à rien ou à très-peu d'importance, par le seul moyen de placer entre des genres, ainsi formés, une de ces espèces mixtes, qui portent les indices réunis des différences signalées comme essentielles. Le nom systématique du genre, qu'il est très-important d'assortir convenablement, doit toujours fixer l'idée sur un seul point, indiquer si l'on peut le point le plus voisin de contact, et donner à connaître une disparité marquée; comme dans *Gypogeranus*, (vautour-grue), *Gypaëtus* (vautour-aigle) etc., ou bien indiquer des appétits, des habitudes et des formes particulières, propres à toutes les espèces ainsi réunies; tels que les noms de genres très-analogues. proposés par Mr. Illiger; *tichodroma*, *dendrocolaptes*, *mhyothera*, *sparactes*, *procnias*, *strepsilas*, (*) ainsi que ceux proposés par Mr. Vieillot. *ibycter*, *polyborus*, *saurothera*, *eurystomus*, *thamnopilus*, *tachypetes*; mais revenons à notre sujet.

Notre auteur dit à la page 6, « qu'il a rétabli plusieurs genres de Brisson, qu'on a eu tort « de supprimer, pour en placer les espèces avec « d'autres, dont elles n'ont pas les attributs « génériques". En effet on lui doit des remercîmens d'avoir suivi plus ou moins en ceci l'opinion de Latham, et imité des naturalistes ses prédescesseurs, en séparant encore quelques autres genres réunis par le savant ornithologiste anglais; mais on ne conçoit pas les motifs de ses nombreuses innovations, ni ceux qui ont pu le guider par des moyens précis, et des caractères constans dans la séparation des corbeaux, des geais, des pies, des gros-becs, des bouvreuils etc. l'Auteur a bien fait en supprimant et éloignant provisoirement du système le genre

(*) On pourrait à juste titre demander à Mr. Vieillot à quelle fin doivent servir les nouveaux noms qu'il lui plait de donner aux genres désignés par Mr. Illiger, en substituant pour *dendrocolaptes*, *dendrocopus*, pour *tichodroma*, *petrodroma* etc, comme si les uns et les autres ne donnaient point à connaître les mêmes appetits, ou les mêmes habitudes. Je me contente de présenter un échantillon de cette manie, plus loin j'en offrirai tout le tableau.

corrira, et tout le composé du genre *didus*, oiseaux probablement formés de parties hétérogènes, des êtres enfin que nous ne connaissons point dans la nature, ou que nous devons considérer comme des productions imaginaires. Nous devons encore remarquer que Mr. Bechstein a le premier éloigné le genre *Corrira* du nombre des oiseaux d'Europe, et que Mr Vieillot eut mieux fait de citer ce naturaliste, que de s'attribuer les motifs de suppression allégués par lui.

« Les nouveaux genres de Latham, dit-il plus « loin, étant fondés sur des signes constans et « précis, je n'ai point balancé à les adopter." l'Auteur adopte il est vrai la plupart de ces genres, mais en supprimant chez plusieurs le nom proposé par le savant anglais pour les désigner. On peut, j'en conviens avec notre auteur, reprocher à Mr. Latham de s'être trop laissé séduire par des rapports apparens de formes, et d'avoir réuni des espèces, quelquefois même des petits groupes entiers d'oiseaux, dans des genres dont ils ne portent point les caractères, et qu'il aurait mieux valu de séparer En effet, si l'ouvrage de Mr Latham offre, quoique rarement, de ces réunions disparates, on doit convenir que l'essai de Mr. Vieillot présente dans beaucoup d'endroits des séparations de genres qui n'ont point entre-elles un nombre suffisant ou une valeur réelle et précise de disparités faciles à saisir Si faute de guide, j'en conviens encore, on est forcé de parcourir un *species* dans l'ornithologie de Mr. Latham, on sera par contre dans la nécessité de parcourir une série de *generibus* dans l'ouvrage projetté par Mr Vieillot.

Les pieds ayant fourni à l'auteur *des signes constans et en nombre suffisant* pour ses cinq grandes divisions, il n'a point fait usage de ceux que pourraient offrer d'autres parties. Sans contredit il aurait été difficile de généraliser les formes du bec et des narines dans un nombre aussi borné d'ordres, aussi tous les auteurs qui ont voulu suivre en ceci le système de l'illustre savant suedois, n'ont-il fait que des réunions forcées peu analogues à toutes les formes variées de cette partie. Mais l'auteur en adoptant cette manière d'envisager le système pour base, et en ajoutant une importance prépondérante et si exclusive aux caractères tirés des pieds, n'aurait point dû les répartir avec une sorte d'abandon; il ne convenait point alors de généraliser la presque totalité de ces formes différentes en une masse, de réunir un peu de tout dans un ordre (*), tandis que dans un ordre voisin il éloigne un genre qui de tous les tems a fait partie de cet ordre, simplement pour une différence de très-peu d'importance dans la position plus ou moins exhaussée du doigt postérieur sur le tarse (†); il ne convient point de réunir des oiseaux lobipèdes et palmipèdes, alors que dans le premier et dans le second ordre il n'existe de différences de formes indiquées pour les pieds, que celles des *doigts verrucueux et d'ongles très-forts et rétractiles.* Quand on ajoute tant de valeur à un caractère, jusqu'à s'en servir pour éloigner et séparer dans un genre different, même dans une famille différente, des oiseaux, qui ont les doigts extérieurs inégaux comparés à ceux qui ont les doigts extérieurs égaux; est-il alors conséquent de généraliser tant de formes, de réunir des échassiers tridactyles, fis-

(*) Voyez l'ordre Sylvicolae.

(†) Voyez 30 familles alectrides et les observations que je fais un peu plus loin à ce sujet.

sipèdes, lobipèdes et palmipèdes; des échassiers à tarses ronds et à tarses comprimés; puis de former des familles séparées, même des genres pour des oiseaux à tarses ou à jambes plus ou moins emplumées; de se servir presque de ce caractère unique pour différence générique: Je donnerai des preuves de cette inconséquence.

Mr. Vieillot subdivise ses cinq ordres, en tribus, familles, genres et sections; les tribus et les familles, dit-il, sont constituées pour aider à la recherche des objets présentés en grande masse dans les ordres. On pourrait demander à l'auteur à quoi servent ces grandes masses, composées de réunions si disparates; la nature semble-t elle commander une pareille division, ou est-ce plustôt pour suivre, du moins en apparence, le système de Linné, que l'auteur les adopte?

Il paraît qu'on est généralement plus scrupuleux à suivre, plus ou moins servilement, les premières jettées d'un plan où la nature de tous tems n'a été pour rien, et dont les bases ne reposent point sur l'organisation des êtres, ou sur leurs habitudes; bien plus scrupuleux, dis-je, que sur les détails de ce plan, qu'on s'est permis de renverser totalement, en les reproduisant sous maintes formes nouvelles. Pourvu qu'on ait pris soin de conformer son système sur le premier point dont Linné est parti, peu importe qu'on se soit fait une loi de sa classification de ses caractères donnés aux genres mêmes des dénominations employées par lui; on débute modestement par avertir ceux qui se font encore une stricte loi de suivre dans toutes ses vues le savant professeur, qui porta la première étincelle lumineuse dans la classification des êtres, que l'on a pris pour base de sa nouvelle méthode le système de

Linné, *avec d'autant plus de motifs, qu'il a l'assentiment général;* alors l'on finit assez ordinairement par trouver des savants qui croient un tel auteur sur parole.

« J'ai tiré, dit Mr. Vieillot, les dénominations « de mes tribus et de mes familles, indistincte« ment des pieds, des doigts, des ongles, des « ailes du bec, de la langue, des ceroncules, « du chant, de certains rapports que deux de « ces divisions presentent entre-elles, du lieu « fréquenté de préférence, d'une nourriture ou « d'une habitude commune aux espèces qu'une « famille renferme, et enfin de la position des « yeux;" En effet pour neuf tribus, et pour cinquante huit autres subdivisions en familles, il était de toute nécessité que l'auteur fit usage un peu de tout; cependant dès qu'on établit en principe que les innovations, qui ne tendent à aucun but d'utilité, *ne font que causer du désordres dans les idées, embarrassent et trompent la mémoire;* il me paraît qu'on a tort de proposer un si grand nombre d'attributs différens, surtout quand ceux-ci sont employés comme indices exclusifs pour certaines familles, tandis que les mêmes habitudes, les mêmes fonctions, les mêmes appétis, mais accompagnés de caractères essentiels différens, se reproduisent dans plusieurs espèces, même dans des genres entiers, classés dans des familles différentes. Les exemples suivants prouveront combien peu l'auteur a ajouté d'importance à ces attributs de divisions et de subdivisions, et feront voir que la nature n'a point été consultée dans la formation de ces groupes.

A la page 21, *ordre accipitres,* nous voyons figurer la première tribu sous le nom de *diurnes,* et pour caractères essentiels, *yeux latéraux;* cette tribu comprend tous les genres d'oiseaux que nous connoissons sous les noms de *vautours gypaëtes*, *Aigles* etc. A la page 25 figure la 2e. tribu sous le nom de *nocturnes*, et pour caractères *yeux de face;* cette tribu comprend les différentes espèces de *chouettes*, *hibous*. etc.) Il résulte naturellement de cette dissemblance, que chaque espèce de l'ordre accipitre, qui a l'habitude de pourvoir en plein jour à sa subsistance, étant *diurne*, doit naturellement avoir *les yeux latéraux*; or plus de dix espèces de chouettes à moi connues chassent et pourvoient à leurs besoins et à ceux de leurs petits en plein jour, toutes les espèces de chouettes à longue queue étagée, tels que la chouette de *l'oural*, la *chouette caparacoh* d'europe, et la *chouette choucouhou* d'afrique vivent absolument de la même manière, et ont les mêmes habitudes que nos *cresserelles* et nos *hobereaux*. Dans l'ordre 2e. *sylvains*, page 31 à la 9e. famille *aegithales*, je demande si les mésanges *charbonnière*, *bleue*, *azurée* etc. sont des *riverains (littoralis)*, quelles seront les différences d'habitudes pour les mésanges *moustache* et *rémiz* qui vivent sur les bords des eaux, dans les joncs et dans les taillis; ces derniers sont riverains, tandisque les autres ne le sont point. Dans ce 2e. ordre page 34, 13e. famille, composée d'oiseaux qui portent des caroncules, se trouve sous un genre nouveau, No. 83, le *porte lambeaux* de Mr. Le Vaillant, oiseaux d'afrique; cette espèce appartient par tous les caractères essentiels, pris du bec et des pieds, ainsi que par toutes ses habitudes, au genre 133, dans la 20e. famille, composée des chanteurs; mais comme le mâle de cette espèce se trouve paré de deux caroncules, et qu'il en a encore une troisième sous le bec, que l'auteur ommet d'indiquer, il s'en suit qu'on retrouve ses congénères à 50 genres de distances de celui où cette espèce unique se trouve placée, par la seule cause de ces caroncules. Je demande maintenant à Mr Vieillot, ce qu'il prétend faire de la femelle et du jeune du porte lambeaux, qui ni l'une ni l'autre n'ont le moindre indice de caroncules; le jeune mâle de l'année a même la tête couverte de plumes, et les caroncules ne paraissent qu'à la seconde année Dans ce même ordre se trouvent encore plusieurs de ces séparations et de ces réunions contre nature, mais il suffit d'avoir indiqué un exemple qui porte sur le lieu fréquenté de préférence, et un autre sur les formes. Je dois cependant encore observer que l'auteur réunit le genre *pigeon (columba Lin)* dans ce 2e. ordre, en quoi il s'éloigne de l'opinion de Latham, qui guidé par des motifs très-raisonnables, en a fait un ordre distinct; car l'organisation, les appétits, et la charpente osseuse de ces oiseaux, ne peuvent être comparés à ceux des genres des autres familles, *lors même qu'on adopterait leur réunion*; l'auteur est mieux fondé, lorsqu'il critique la réunion du genre *pigeon* avec les galliacés, et le rapprochement de ce genre avec celui des *tinamous (tinamus Lath)*, mais je préférerais encore cette réunion, *toute vicieuse qu'elle est*, à celle que fait notre auteur (*).

Le genre *menura* de Latham irait mieux dans un ordre séparé, aussi bien que les genres *opisthocomus* d'Illiger, avec les deux espèces qui composent le nouveau genre *rancanca*, (*ibycter* Vieillot); il convient de rapprocher ses deux genres.

(*) A l'exemple de Latham, j'ai compris les pigeons dans un ordre séparé, dont ils font l'unique genre; ordre que j'ai publié dans un ouvrage sur celui des oiseaux gallinacés.

Ce qu'il y a de plus contradictoire à la nature dans ce même 2e. ordre est l'admission du genre *penelope* Linn:, formant chez l'auteur sa 30e famille des *Sylvains ;* voyons sur quels motifs l'auteur admet ce genre.

« Mes alectrides 30e. famille, dit-il, ressem« blent beaucoup plus aux gallinacés que les « précédens (*); c'est pourquoi tous les métho« distes les ont placés dans le même ordre: ils « en ont, il est vrai *le corps épais*, *les ailes « et les tarses;* mais *leur doigt postérieur*, *leurs « ongles*, *et même leur queue* offrent des diffé« rences si prononcées, qu'on ne doit pas les « rejetter."

Arrettons-nous un instant, avant de passer à l'examen des mœurs, à ces dissemblances données comme caractères distinctifs. l'Auteur dit, *que la forme totale du corps*, *les ailes et les tarses* font des *pénélopes* de vrais gallinacés; il aurait pu dire encore que le bec est peu différent de celui des *hoccos;* que la charpente osseuse, s'il l'eut examinée, est la même; que l'organe de la voix en général semble formé sur le même plan; que le larynx inférieur ne diffère point de celui des *hoccos* et des *pauxis* (†); que la voix est seulement plus éclatante; que les organes des muscles et ceux de la nutrition sont les mêmes;

(*) Notamment les menuras ou portelyres, les pigeons, les opisthocomes, et les rancancas.

(*) Ce genre diffère à plus d'un égard de celui du *hocco;* par le bec, par les globes osseux et cellulaires dont il est surmonté, par la position très-différente des narines et par leur forme, par les replis différens dans le tube de la trachée et dans la forme des anneaux, qui par contre ne diffèrent presqu'en rien de ceux des *pénélopes*. Voyez le 2me. et 3me. volume de mes gallinacés Nonobstant toutes ces disparités, il plait à Mr. Vieillot de réunir les *hoccos* et les *pauxis*, tandis que les *pénélopes* qui s'en rapprochent tant, figurent dans un autre ordre. Quelle inconséquence !

enfin que les pennes de la queue sont formées sur le même moule. Il ne reste donc pour disparité essentielle que la position du doigt postérieur articulé sur le même plan que les doigts de devant, et la forme des ongles; or en ceci, la différence entre les *pénélopes* et les *hoccos* est de très-peu d'importance; les *hoccos* posant l'articulation de l'ongle et la suivante à terre, tandis que seulement l'insertion du doigt postérieur s'articule un peu plus haut sur le tarse. Je remarque encore que si l'auteur avait réellement trouvé des différences si grandes entre les ongles de ses *pénélopes* et de ses *hoccos*, il aurait bien fait de les indiquer dans le genre, et de ne point se contenter de les généraliser dans les caractères d'ordre, vu qu'un caractère signalé en général éprouve cependant toujours quelques modifications dans les genres différens; raison suffisante pour ne rien négliger afin de réunir dans les caractères génériques toutes les dissemblances; car il vaut mieux répéter un caractère semblable que de s'exposer à omettre un caractère légèrement différentiel, mais utile dans la comparaison. (*)

Passons maintenant en revue ce que l'auteur dit des habitudes des *pénélopes*. « Mes *alec-*
« *trides* sont monogames; leur ponte est de
« deux à six œufs au plus; *leurs petits sont nour-*
« *ris dans le nid, et ne les quitent que lorsqu'ils*
« *sont en état de voltiger.* Ils se tiennent pen-
« dant une partie du jour et toute la nuit sur
« les arbres, et n'en descendent guère que le

(*) Voilà pourquoi les caractères des genres, dont Mr. Illiger fait usage dans son *Prodromus*, sont sous tous les rapports préférables à tout ce qu'on a fait jusqu'ici, et si facile dans l'usage auquel ils sont destinés, qu'on ne peut trop solliciter les méthodistes de les prendre pour modèles.

« matin et le soir pour prendre leur nourriture. »
« Ils construisent leur nid sur les branches et à
« une certaine élévation, le composent à peu
« près des mêmes matériaux que les ramiers, et
« ils vivent par couples."

Pour prouver à Mr Vieillot que tout ce qu'il avance ici est faux, dans le principe et dans les conclusions; je ne me servirai point des récits donnés par quelques voyageurs, mais simplement de mes observations faites sur la nature, *domestique et captive il est vrai*, mais préférable à une stérile compilation de récits souvent fabuleux.

Les différentes espèces de *pénélopes*, de *hoccos* et de *pauxis*, ont souvent été transportés vivants en Hollande; plusieurs espèces du premier de ces genres ont vécu nombres d'années dans les magnifiques ménageries de Mrs. Backer et Ameshoff, à la Haye et à Amsterdam, ainsi que chez d'autres particuliers; Mr. Ameshoff était parvenu à faire pulluler le *pauxis à pierre*, deux espèces de hoccos, et plusieurs canards étrangers, les premiers étaient même servis sur sa table, tant il en avait multiplié les individus. *Le pénélope* que j'ai nommé *siffleur* ou *penelope pipilé* et *cumanensis* Lath: et mon *pénélope guan*, ou *penelope cristata* Lath: y ont aussi produit des œufs féconds; leur ponte, de même que celle du *pierre* et des *hoccos*, n'a jamais été nombreuse; un couple du *pénélope guan* a produit à plusieurs reprises dans une ménagerie. Les poussains, absolument semblables à ceux de nos poules domestiques, mais à queue plus longue, sont couverts, dès la sortie de l'œuf, d'un *duvet abondant;* (*) courent à terre dès le premier

(*) Ce seul caractère, auquel on pourait joindre l'état formé

jour, et mangent des crisalides de fourmis, des vers de viande putréfiée, et de l'orge mondé concassé; on se servait d'une poule pour faire éclore les œufs du plus grand nombre de ces espèces étrangères, le jeune se comportait comme nos poussains ordinaires (*). Il est possible que les *pénélopes* vivant en liberté, nichent sur les arbres; cela dépend au reste de la localité, comme l'auteur en convient, page 16, et comme c'est le cas chez les *tinamous*, qui se comportent de même au Brésil, tandis que dans la Guyane ils nichent à terre (†). Je demande encore à notre naturaliste, 1°. les perdrix éperonnées ou les *francolins*, n'ont-ils pas l'habitude de se percher de jour et habituellement la nuit. 2°. Les différentes espèces de *perdrix* ne sont-elles pas monogames. 3°. Les *gangas* ne pondent-ils pas un très-petit nombre d'œufs, *suivant quelques rapports* de deux à quatre ou cinq. 4°. Quelques espèces de *hoccos* n'ont-ils pas la même habitude de nicher sur les arbres, et n'est-elle pas propre à plusieurs espèces de canards. 5°. La construction des nids chez les gallinacés est elle compliquée ou artistement travaillée?

Nous trouvant, par ce que je viens d'exposer, dans le 3e. ordre, ou celui des gallinacés, je fixe mon attention sur la 1re. famille sous le nom de *nudipède*, portant pour ca-

des ailes et de la queue dès la sortie de l'œuf, prouve que le jeune oiseau pourvoit à sa propre subsistance.

(*) Je possède dans mon cabinet un poussin du *pénélope guaïe*, âgé de six ou huit jours, et un jeune, formé, nourri dans la ménagerie. J'omets les détails qu'on peut trouver dans mon ouvrage sur les gallinacés, vol. 2, page 472 et vol. 3, pages 32, 46 et 51.

(†) Voyez-en les causes dans mon ouvrage sur les gallinacés, article des tinamous, vol. 3, page 537 et suivantes.

ractères essentiels *tarses nus;* puis à la 2e famille sous le nom de *plumipèdes*, pour caractères *tarses couverts de plumes en tout ou en partie.* Nous voyons figurer dans la 1re. famille, composée d'oiseaux à tarses nus, le genre 185, sous le nouveau nom de *monaul* (monaulus) (*), tandis que cet oiseau n'a point les *tarses nus;* ils sont au contraire emplumés à leur partie supérieure, et intérieurement le long du tarse jusqu'aux éperons. Cette remarque, diront quelques-uns, est minutieuse, mais je prie les juges imparciaux d'observer que Mr. Vieillot établit dans les différences donnés aux deux familles, ce seul caractère comme signe certain et essentiel, et qu'il établit presque sur cette seule différence, les disparités entre son genre *tétras* et *lagopède;* nous prouverons ceci par les remarques sur les

(*) l'Auteur devrait bien nous expliquer dans son index grec, ce que veut dire ce nom de *monaulus;* j'avais décrit dans la monographie des gallinacés, vol 2, pag 355, ce nouveau genre, en donnant à la seule espèce qui le compose le nom de *lophophorus*, et désigné l'espèce sous le nom de *lophophore resplendissant;* ce nom du moins signifie quelque chose. Pour caractères essentiels du genre, j'avais établi les suivants: *Bec* fort, long, courbé, large à sa base; mandibule supérieure voutée, très-longue, dépassant de beaucoup l'inférieure, large et tranchante à la pointe; arête supérieure élevée; mandibule inférieure cachée; *Narines* basales, latérales, à moitié fermées par une membrane couverte de plumes rares. *Pieds,* trois doigts devant, un derrière, les trois doigts antérieurs réunis par une courte membrane; haut du tarse couvert de plumes; un éperon long et acéré. *Ongles* longs et comprimés. *Ailes*, les 3 rémiges extérieures également étagées, plus courtes que les 4e. et 5e., qui sont les plus longues. Que l'on compare ces caractères (peut-être trop nombreux, mais nécessaires pour prévenir les erreurs), à ceux donnés par Mr. Vieillot, au même genre, et voyons si l'oiseau y est reconnaissable. Il dit, Bec nu à la base, un peu épais, convexe en dessus, trèscrochu vers le bout. Orbites caronculées. Queue arrondie. Rectrices 14. Pouce n'appuyant que sur le bout. Ceci conviendrait peut-être pour une diagnose spécifique, mais elle est défectueuse au plus haut degré, comme devant indiquer des caractères génériques. Il est à regretter que l'objet de comparaison soit si rare dans les cabinets, je ne connais seulement que quatre individus en Europe.

caractères donnés aux genres. Passons à l'examen du 4e. ordre; nous voyons d'abord figurer en division contre nature, à la page 54, la 2e. famille *pedionomes*, dont l'étymologie revient à *campestre*; division déjà établie dans mon manuel: dans la 3e. famille les *œgialistes* ou *riverains*; nous y voyons figurer le genre N°. 201 *œdicnême*, composé d'une espèce propre aux contrées de l'Europe, et de deux espèces nouvelles, qui sont de l'Asie australe. Si Mr. Vieillot se fut donné la peine d'observer la nature, avant de tracer d'avance les limites dans lesquelles il lui paraît convenable de la classer; il aurait trouvé que l'œdicnême ne vit jamais le long des rives; mais que choisissant pour demeure habituelle, et pour l'éducation de sa progéniture, les lieux les plus arrides d'un canton, on ne le voit en Europe que dans les bruyeres, dans les dunes de sables, et en Afrique le plus souvent sur les confins des grands déserts. Chez Mr. Vieillot l'espèce est séparée de la famille des *campestres* et du genre *outarde*, dont elle a les habitudes, et rangée dans la famille des *riverains*, avec tous les genres qui habitent les bords des eaux, dont elle s'éloigne beaucoup. Voyons maintenant dans ce 4e. ordre une division pour des formes que nous retrouvons une seconde fois, avec approchant les mêmes caractères dans un autre ordre: l'auteur forme sa 14e. famille, d'oiseaux *pinnatipèdes*, il y a placé les *foulques* et les *phalaropes*, tandis que dans le 5e. ordre, famille 2e., figurent d'autres *pinnatipèdes* tels que les *héliornes* et les *grèbes*, auprès de ces derniers, et dans la même famille, portant le titre de *plongeurs*, figure un genre composé de *palmipèdes*. Il résulte de cet amalgame: 1°. qu'en supposant à l'auteur l'intention de n'avoir aucun égard aux différences entre les doigts lobes ou palmées, il ne devait point signaler cette forme lobe par un nom propre, et ranger dans une telle famille seulement quelques oiseaux pourvus de ce caractère, tandis que d'autres figurent dans un ordre différent. 2°. s'il ajoutait quelque importance au caractère du tarse rond ou du tarse comprimé, dans les oiseaux lobipèdes, il ne devait point réunir les *foulques* et les *phalaropes*; 3°. si par contre il ajoutait de l'importance aux différences produites par des pieds hors de l'équilibre, il ne devait point réunir les *héliornes* et les *grèbes*. l'Auteur m'avouera que lorsqu'on prend les caractères que fournissent les pieds, pour base de sa classification, il faut se décider à ajouter de l'importance à quelque chose, et que cette importance doit conserver une valeur autant que possible égale. Or j'ai prouvé par les trois rubriques mentionnées, qu'il ne reste plus un seul caractère marquant, pour signaler une forme exclusive, car on ne peut avoir recours ici aux caractères indiqués dans l'ordre, ceux-ci étant également applicables aux échassiers tridactyles, frisipèdes, lobipèdes et palmipèdes, et ainsi du reste. Il est inconcevable que l'auteur n'ait pas suivi la division si bien vue du savant Latham, qui forme un ordre *pinnatipèdes*, composé de tous les oiseaux à doigts lobes (*), puis un ordre *palmipèdes*, dans le-

(*) Voyez aussi mon manuel page 452, où je manifeste encore quelques doutes par rapport à cette réunion des oiseaux à doigts lobes, vu la différence dans la forme du tarse chez les *phalaropes*, et à cause que ces oiseaux sont très-agiles à la course, en même tems qu'habiles nageurs. Illiger tombe à peu près dans les mêmes erreurs que Vieillot, en ne suivant point l'opinion de Latham.

quel il classe tous les oiseaux à tarses courts et à doigts pourvus de membranes entières, plus ou moins étendues. Cette manière de voir est bien plus ingénieuse, elle ne fait point naître une fausse idée sur les facultés de la natation, comme il arrive naturellement lorsqu'on établit un ordre *nageurs*. En admettant un tel ordre, il est contre la nature d'en éloigner des genres entiers, dont les espèces sont toutes douées de cette faculté, c'est-à-dire qu'ils nagent habituellement sans que la nécessité d'éviter la poursuite d'autres animaux ou celle de l'homme les y force; car dans ce cas, on voit le plus grand nombre des *coureurs* ainsi que les *grales fissipèdes*, et ceux à pieds plus ou moins *palmés* traverser à la nage des espaces très-considérables; du nombre de ceux qui nagent habituellement, sont les genres *parra*, *rallus*, *gallinula* et tous ceux pourvus de doigts lobes. La plupart des oiseaux qui composent ces genres, paraissent doués au plus haut degré des facultés natatoires, puisqu'ils plongent et nagent entre deux eaux, et poursuivent ainsi leur proie, en se servant des pieds et des ailes.

Examinons maintenant par rapport aux facultés de la natation, ce dernier ordre, formé par Mr. Vieillot, sous le nom de *Nageurs*.

Nous voyons dans la 2e. famille, la même dont je viens de faire mention plus haut, réunis sous le nom de *plongeurs*, deux genres à doigts lobes et un genre à doigts palmés. l'Auteur en désignant cette famille par un nom qui fixe naturellement l'idée sur le degré le plus parfait de natation, fait naître le soupçon que les autres genres de *palmipèdes* ne sont point composés d'oiseaux qui peuvent se submerger; or indépendemment des *cormorans*, des *anhingas*, des *harles* et du plus grand nombre des *canards*, tous oiseaux qui par leur forme totale et par la position de leurs pieds en particulier, diffèrent plus ou moins de ceux dont l'auteur forme les vrais *plongeurs*, mais qui plongent cependant avec beaucoup de facilité; nous voyons encore tous les genres de la 6ᵉ. et de la 7ᵉ. famille exclus de cette division *plongeurs:* les oiseaux qui composent ces différens genres, possèdent la faculté mentionnée au plus haut degré de perfection. J'observe que l'auteur peut me répliquer à ce sujet, que le nom ne fait rien à la chose, que si j'avais examiné les caractères qu'il donne pour essentiels à sa 2ᵉ. et à sa 3ᵉ. tribu, ma remarque pourrait uniquement se borner aux choix peu heureux du nom de famille. Mais je le prie de considérer, qu'en réunissant des lobipèdes et des palmipèdes pourvus de doigt postérieur libre, lobe ou engagé, il lui était facile d'élargir encore le cadre en y admettant toute la 6ᵉ. famille composée de brachyptères (*), manquant totalement le doigt postérieur, et sur tout les oiseaux de la 3ᵉ. tribu, chez lesquels la forme des pieds (bien entendu, *lorsqu'elle n'est pas indiquée avec plus de précision que ne le fait notre auteur*,) diffère si peu des caractères donnés *par lui* pour signaler les mêmes parties dans ses *plongeons* genre 257, que la différence se réduit à très-peu d'importance. J'ajouterai encore que cette réunion de palmipèdes à trois doigts et de palmipèdes pour-

(*) Ces soidisant *brachyptères*, n'ont point les ailes plus courtes en proportion de la longueur du corps et de la queue, que dans les oiseaux de la 2. famille; ce nom parconséqent est encore du nombre de ceux inventés à bon plaisir, il ne convient point pour distinguer cette famille.

vus d'un doigt postérieur, ne serait point contradictoire aux vues neuves de l'auteur; puisque dans l'ordre *gallinacés* il n'ajoute point la *même importance* à l'absence du doigt postérieur; là, le genre d'oiseaux tridactyles (*) suit immédiatement, et sans division préalable à un genre composé d'oiseaux à doigt postérieur, tandis que dans son ordre *nageurs*, l'absence du doigt postérieur a nécessité une division de tribu subdivisée en famille: remarquons surtout que l'auteur attache la plus grande importance *aux caractères pris des pieds.*

On pourrait encore observer que l'auteur en subdivisant ses nageurs suivant le degré plus ou moins en équilibre du corps, par rapport à la position des pieds, s'est souvent abusé. Je ne puis trouver de motifs pour admettre l'équilibre dans les *harles,* et l'exclure dans les *cygnes* et dans *tous les canards.* Les espèces qui composent le genre *harle*, ont une démarche beaucoup plus embarrassée et plus vacillante que celle des oiseaux séparés, assez mal à propos, dans les deux autres genres (†). Les *cormorans*, les *fous*, les *paille-enqueue* et les *anhingas*, genres chez lesquels il n'est point fait mention d'équilibre, ne peuvent se soutenir dans une position presque verticale, qu'à l'aide de leur queue, pourvue à cette fin de pennes fortes et élastiques; ce membre remplit les fonctions d'un

(*) Voyez classification page 52 genre 191; les turnix désignés par le nouveau nom d'ortygodes.

(†) Je fais exception pour ces espèces de canards dont le doigt postérieur est pourvu d'une petite membrane lache, Mr. Meyer a très-bien remarqué que ces canards plongent plus facilement que les autres; leur demarche est aussi plus vacillante, et toute la construction du squelette présente des différences marquées.

troisième point d'appui dans la marche. Dans la 4e. famille, sous le nom de *pélagiens*, nous voyons parmi les caractères donnés, des pieds à l'équilibre du corps, et dans la 5e. famille, composée de *siphorins*, des pieds hors l'équilibre du corps; j'observe que si les *stercoraires*, les *goelands* ou *mouettes*, et les *hirondelles de mer* ou *sternes* ont les pieds à l'équilibre du corps, les pétrels ou *puffins* l'ont aussi, car les uns et les autres marchent de la même manière, et soutiennent leur corps dans une position presque horisontale Ce ne sont dans le fait que les quatres derniers genres de mon ordre *palmipèdes* (*a*), avec le dernier genre de mon ordre *pinnatipèdes* (*b*), qui ont à proprement parler, les pieds tellement engagés dans l'abdomen, que le corps perd son équilibre; cet équilibre est maintenu à un degré supérieur dans les *harles*, et dans les *espèces des canards* à doigt postérieur lobe pour l'ordre *palmipèdes*; tandis que dans l'ordre *pinnatipèdes* c'est le genre *héliorne* qui forme le passage naturel. Les oiseaux à pieds placés totalement hors l'équilibre, ne peuvent marcher dans une position presque verticale qu'en s'aidant de leurs ailes; ce point d'appui leur manquant, ils tombent sur le sternum formé et proportionné convenablement, pour que dans cette position et par la chûte, l'animal n'éprouve aucune secousse nuisible. En examinant la nature, et en comparant entre-eux les squelettes de ces oiseaux, on trouvera dans les formes du fémur et du tibia, comparés au tarse, et dans la forme du sternum des côtes et des os coxaux, les causes de cette démarche plus ou moins en équili-

(*a*) Voyez manuel page 596 et suivantes, et ajoutez à ces genres ceux composés des *manchots* et des *gorfous*.

(*b*) Voyez manuel page 461.

bre, en même tems que la structure la mieux faite pour la natation, propre aussi à garantir les organes intérieurs de toute atteinte nuisible. En résumé il me parait que plusieurs de ces divisions établies par l'auteur en tribus, familles, etc. sont nonseulement contradictoires en elles-mêmes, et dans les conséquences que l'on en peut tirer, mais elles le sont aussi avec la nature.

Notre auteur en parlant des familles et des genres, suppose lui-même que l'on pourra critiquer leur trop grand nombre, et il demande s'il pouvait faire autrement? Je crois en avoir dit assez sur cet article, pour ne plus y revenir; mais comme il faut des preuves, j'en fournirai quelques-unes, prises à dessin de ces genres d'oiseaux, dont on trouve les espèces ou les analogues en Europe, ou bien parmi les exotiques, ceux dont les espèces sont nombreuses et par là moins rares dans les collections; afin que les naturalistes, dont les cabinets sont peu riches en objets de comparaison, soient aussi à même de porter leur jugement. Je dois préalablement faire observer que Mr. Vieillot ne suit point une marche égale dans les caractères essentiels qu'il donne à ses genres; il fait usage de ces marques distinctives avec une espèce d'indifférence, les empruntant tantôt d'une partie tantôt d'une autre; ce procédé est vicieux au plus haut degré, il fait qu'on ne trouve point un nombre approchant égal d'objets de comparaison d'un genre avec l'autre. L'auteur j'en conviens donne partout une importance égale à la forme du bec en général; mais déjà il n'en ajoute plus à la forme particulière des mandibules; très-rarement aux narines pour leur forme variée, et jamais des narines pour leur position en avant, en arrière, au sommet ou sur les bords latéraux de la mandibule; percées de part en part, ou à cloison interne; ooultes, cachées ou apparantes; fermées ou ouvertes etc. (*); dans un genre la jambe est signalée comme plus ou moins couverte de plumes; dans le suivant c'est le tarse qui est mentionné; dans un autre la forme des doigts; dans un suivant la longueur comparative des doigts ou des ongles; dans un autre enfin les ongles comme plus ou moins effilés, ou pour leur plus ou moins de courbure; le tout variant de telle manière par le moyen de caractères accessoires, qu'il n'y a presque pas deux genres dont les caractères essentiels sont pris des mêmes parties. Puis on trouve des noms différens, donnés pour signaler des formes approchant les mêmes; comme pour ne citer qu'un petit nombre d'exemples; bec convex, bec arrondi; bec presque droit, bec un peu courbe, bec un peu incliné, bec fléchi; bec emplumé, bec garni de petites plumes; bec robuste, bec épais. Narines cachées sous les plumes, ou narines couvertes par les plumes. Puis une quantité indéfinie sert d'indication; comme: Cire poilue et cire un peu poilue: bec grêle et bec un peu grèle; et tant d'autres de cette nature dont je pourrais citer un grand nombre d'exemples, servent à caractériser les genres. Mais passons à l'analyse et à la confrontation de quelques uns de ces genres, en prenant le plus qu'il me sera possible deux groupes voisins.

Je prendrai en premier lieu dans l'ordre *accipitres*, les genres 1. 2 et 3. Dans le 1er. sous le

(*) J'ai dit plus haut que le signalement de deux organes, qui se prêtent mutuellement de si grands secours, est très-utile pour servir de caractères génériques.

nom de *Vautour* l'auteur commence par signaler deux formes très-différentes de becs; il dit, (Bec droit à la base, convex en dessus, *gros* et *grèle)*; or si le bec, dans le fait très-gros, du *vautour griffon, (vultur fulvus* Linn:) et de toutes les espèces qui ressemblent à ce type, peut-être comparé au bec long et grèle du *petit vautour* pl. Enl. 429 le même que (*cathartes percnopterus*. Temm:), je ne vois point de motifs contre l'admission en un seul genre de tous les vautours connus; car l'auteur ne signalant point les formes et les positions très-différentes des narines dans son genre *vautour* (*a*), toutes les autres espèces peuvent y être admises. Il y a donc ici contre les règles de signaler le bec par *gros* et par *grèle;* en même-tems il y a contre nature de réunir en un seul genre le *petit vautour* de Buffon, et le *griffon* du même auteur; et à plus de raison lorsqu'on voit l'auteur former sous le N°. 3, un genre *catharista* (*b*) où se trouvent les congénères du *petit voutour,* notamment *l'urubu* et *l'aura,* décrits et figurés par lui (*c*). Ce sont ces espèces, avec le *petit vautour* de Buffon, le *roi des vautours* et le *condor*,

(*a*) Le genre *Vultur* Illig. et Temm. est composé de toutes ces espèces à bec gros, beaucoup plus haut que large, fort; à narines nues, fendues à la partie latérale de la mandibule; placées diagonalement vers les bords de la cire. Dans le genre *Cathartes* Illig. et Temm. les espèces ont le bec plus ou moins allongé, droit, grèle, renflé, courbé vers le bout; les narines sont au milieu de la mandibule, placées près de l'arête supérieure; longitudinalement fendues, larges, percées de part en part, c'est-à-dire qu'il n'existe point de cloison nasale, et que les deux ouvertures des narines paraissent n'en former qu'une.

(*b*) Ce nouveau nom de *Catharista*, dont l'auteur explique officieusement l'étymologie dans son index grec, n'est rien moins que de propre invention; notre plagiaire a défiguré ce nom sur celui de *cathartes*, proposé par Mr. Illiger dans son prodromus.

(*c*) Voyez histoire des oiseaux de l'Amérique septentrionale, vol. 1, plan. 1 et 2.

qui forment le genre *cathartes* d'Illiger. Le *roi des vautours* de Buff. et le *condor* de Humb. forment ici un genre sous le nom de *Zopilote*. Nous demandons à l'auteur s'il a jamais vu un *Condor* en nature ? Sa réponse probablement est négative, car suivant ses principes on lui aurait certainement vu produire ce singulier oiseau dans un genre distinct ; la forme des pieds et des ongles étant sous plusieurs rapports différente de ces mêmes parties chez le *roi des vautours*, ainsi que chez les autres *cathartes* d'Illiger.

Dans le même ordre 1e. mais parmi les *aigles*, se présentent le 9e. genre *pygargue* et le 10e. *balbuzard*, où figurent pour types deux oiseaux d'Europe assez communs. Voici comment ces genres se trouvent signalés. Le 9e. *pygargue* (Bec presque droit à la base, *convexe* en dessus. Cire *un peu poilue*, plumes des *jambes* longues pendantes. Tarses à demi vêtus ; doigts totalement séparés, l'externe versatile, ongles aigus *inégaux*.) Le 10e *balbuzard* (Bec presque droit à la base, *arrondi* dessus. Cire *poilue*. Plumes tibiales courtes, serrées. *Tarses nus*. Doigts totalement séparés, l'externe versatile. Ongles *égaux* aigus, l'intermédiaire arrondi). Comparons maintenant la valeur des caractères donnés. Quelle est l'importance qu'on doit attacher à la différence entre un bec *convexe en dessus* ou *arrondi en dessus ?* Quelle différence entre *cire un peu poilue* et *cire poilue ?* l'Auteur devrait nous donner un tarif de *maximum* pour ces sortes de caractères qui sont si souvent reproduits dans son ouvrage. Nous voyons encore indiqué pour le genre *pygargue, tarses à demi vêtus*, et pour le genre *balbuzard*, *tarses nus ;* ce caractère est faux pour le *balbuzard* d'Europe, et pour tous les oiseaux qui peuvent être comparés à ce type, ils ont tous les *tarses couverts* en partie et par devant de plumes courtes et serrées. Il ne reste ainsi de différence facile à saisir dans ces deux genres, que dans le 9e. *plumes des* jambes *longues et pendantes;* et dans le 10e. *plumes* tibiales *courtes serrées;* le 9e. *ongles aigus inégaux*, et dans le 10e. *ongles égaux aigus.* Je remarque en premier lieu que *jambe* et *tibia* sont synonymes; si l'on veut que des plumes *longues*, *subulées*, *pendantes*, ou *courtes et serrées*, fassent nombre parmi les caractères essentiels des genres, il serait alors plus convenable de faire usage, pour différence générique, de caractères pris d'une tête huppée ou à plumes courtes, égales; ces plumes *frontales*, *coronales* ou *occipitales* agissent et se meuvent sur des muscles propres qui souvent n'existent point dans les espèces dépourvues de huppes. Mais comme il est prouvé que de tels caractères sont à rejetter, ne doit-on pas, à plus forte raison, éloigner de la liste des caractères essentiels, ces moyens de reconnaissance pris des plumes des cuisses, qui ne sont douées d'aucun mouvement extraordinaire, étant dépourvues de muscles moteurs propres. Il reste conséquemment pour seule différence entre les genres 9e. et 10e., *la grandeur comparatoire qu'ont entre-eux les ongles.* Ici je ne conteste point la différence, en prenant pour types les espèces du *pygargue* et du *balbuzard* d'Europe; mais je la désavoue dans une nouvelle espèce de *balbuzard de Java;* chez cet oiseau, les formes des pieds et du bec s'accordent *en tous points* avec notre *balbuzard*, hormis *l'égalité* de longueurs des ongles, qui dans cette espèce sont inégaux. Je sais positivement que cet oiseau de proie de Java, vit comme notre *balbuzard*, il est motellé comme lui, excepté qu'il a les ailes plus courtes, mais ses tarses et ses doigts, quoique beaucoup plus forts, sont en tout point semblables à ces parties dans notre *balbuzard ;* le plumage est très-différent. Que deviendra cette nouvelle espèce? elle ne peut aller avec le genre 9ᵉ. vu les plumes courtes qui recouvrent le tibia et la partie supérieure du tarse; ni avec le genre 10ᵉ. vu que ses ongles sont inégaux. Ce sera parconséquent un nouveau genre pour Mr. Vieillot. Dans cette première tribu se trouvent encore plusieurs séparations de cette nature Dans la seconde tribu toutes les *chouettes* se trouvent réunies en un seul genre; il convient de remercier l'auteur de ce qu'il ne les a point séparées en plusieurs genres, comme il a fait du genre *perroquet.*

Dans le 2ᵉ. ordre *sylvains* nous voyons le grand genre *psittacus* de Linné et de Latham, divisé en trois genres distincts, ceux du *perroquet ara* et *kakatoe.* Mr. Illiger dans son prodromus réunit ces trois divisions créés par les auteurs, tandis qu'il forme, et avec meilleure apparence de vérité, un genre distinct pour la seule espèce de la *perruche ingambe* (*a*). La séparation de cet oiseau en un genre distinct, quoique mal vue, pouvait être adoptée, en ce que la longueur du tarse et la faible courbure des ongles dans la *perruche ingambe* fournissent des caractères apparens, assez faciles à saisir; mais ces caractères étant comparés avec ceux que d'autres espèces voisines nous offrent, sont de trop peu de valeur pour servir conve-

(*a*) Vaillant, Histoire naturelle des perroquets, vol. 1. pl. 32.; c'est *psittacus formosus*, Lath. Ind. orn. v. 1. pag. 103. sp. 60, Mr. Illiger en a formé un genre sous le nom *pezoporus.*

nablement à une distinction générique (b). Les trois genres nouveaux que l'auteur établit, sont fondés sur des caractères qui manquent de précision lorsqu'on les compare. Il dit, dans le genre *perroquet*, que le bec est entier, la mandibule supérieure garnie intérieurement vers le bout d'un rebord transversal. J'observe que le bec n'est point entier chez tous les perroquets proprement dits; il est au contraire le plus souvent échancré vers le bout de la mandibule supérieure; et cette échancrure plus ou moins apparente, selon l'âge ou selon des accidents individuels; elle est occasionnée par le frottement de la pointe de la mandibule supérieure sur le bord tranchant de l'inférieure, qui se trouve souvent aussi plus ou moins usée par cette cause accidentelle, le rebord transversal qui existe il est vrai chez tous les perroquets, perruches et kakatoes à l'intérieur de la mandibule supérieure à l'endroit ou l'inférieure vient s'emboiter, éprouve également par ce frottement continuel des accidens qui varient souvent d'individu à individu (*). Les autres caractères donnés dans ce genre 24e, se trouvent dans les oiseaux qui composent le

(b) J'ai vu de ces *perruches ingambes* vivantes, mais leurs manières d'être et les habitudes qu'elles montrent en captivité sont absolument les mêmes que celles qu'on observe dans le plus grand nombre des perruches à longue queue de la nouvelle hollande, notamment de la *perruche omnicolor* Vaill. perroq. pl. 28. et de la *perruche à large queue* Id. pl. 78 Ces oiseaux aiment à marcher et à trouver leur nourriture sur le fond plane de leur cage, ils grimpent cependant comme tous les autres perroquets et avec la même facilité. Je n'ai pu trouver aucune trace de mœurs disparates, ni des caractères extérieurs assez tranchés pour éloigner de telles espèces du grand genre *psittacus*.

(*) J'ai observé que les perroquets, les perruches, et surtout les aras et les kakatoes usent de cette manière non seulement leur mandibule inférieure, mais qu'on voit souvent des profondes excavations dans la pointe de leur mandibule supérieure. Ce frottement est causé par la mobilité de cette man-

genre 25e. car l'on m'avouera que la nudité de la partie ophtalmique, ou bien l'extention de cette nudité sur les tempes, ne peut servir de caractère; car les espaces ainsi privées de plumes, varient non seulement dans leur extention, mais nous voyons que dans les *aras rauna* et *macao*, la face est parsemée à claire voie de petites plumes; je possède dans mon cabinet une nouvelle espèce de perruche du Brésil, dont le formidable bec ressemble presque à celui d'un grand ara, tandis que la taille de l'oiseau est inférieure à l'ara macavouane de Vaillant (*a*); les tempes dans cette espèce sont entièrement couvertes de plumes. Les caractères donnés aux genres *kakatoes*, sont également applicables à quelques *perroquets* et *perruches;* le *psittacus accipitrinus* de Latham forme le passage naturel des *perroquets* aux *kakatoes;* les *perruches aras* des auteurs forment le passage aux *aras proprement dits*, tandis que le *psittacus gigas* de Latham ou *l'ara à trompe* de Vaillant (*) forme le passage des

dibule, agissant par le moyen d'une charnière qui l'unit au front, et par le ressort de muscles propres et très-caractérisés qui la font mouvoir. Quelques oiseaux de proie du genre des chouettes et des faucons, ont aussi plus ou moins de mobilité dans la mandibule supérieure, mais le frottement doit être très-faible, eu égard à la forme du bec, et par le manque de ces muscles moteurs.

(*a*) Histoire naturelle des perroquets, vol. 1 pl. 7.

(*) Mr. Vaillant, dans son bel ouvrage des perroquets, forme deux espèces d'aras à trompe vol. 1. pl. 11 et 12. La première, ou l'ara gris, est une figure exacte pour ce qui regarde la couleur du plumage de l'oiseau vivant, et celle de l'ara noir, représente la même espèce, lorsque l'oiseau est mort et dressé; la manipulation et le tems faisant disparaître la poussière fine grisâtre qui recouvre le plumage, celui-ci devient noirâtre de cendré noir qu'il paraissait, étant saupoudré de cette singulière matière, propre à tous les kakatoes, et au plus grand nombre des perroquets, des perruches et des aras, lorsqu'ils jouissent d'une parfaite santé, l'état maladif ou l'extrême vieillesse fait disparaître cette matière qui semble transsuder des pores de la peau.

aras aux *kakatoes*; ces derniers diffèrent entre eux pour la forme plus ou moins étagée de leur queue. Les différences prises des huppes frontales ne peuvent prendre rang parmi les caractères essentiels, puisque nous trouvons de ces huppes dans un petit nombre d'espèces de *perruches* propres à l'Austral-asie. Il convient encore de remarquer ici que l'auteur à la page 12, compare le bec des perroquets à celui des oiseaux de proie. « Ces rapports, dit-il, ne sont « pas si éloignés qu'on pourrait d'abord le croire, « car il ne manque à certains perroquets que « d'avoir des pieds d'oiseaux de proie pour être « classés parmi eux; de plus si l'on en croit « les voyageurs, il en est qui font la chasse aux « petits oiseaux afin de s'en nourrir."

Je remarque en premier lieu que Mr. Vieillot aurait bien fait de nous communiquer le nom du voyageur qui fait connaître une habitude si neuve dans des oiseaux dont la nourriture se compose uniquement de fruits et de racines; en second lieu, il aurait rendu un vrai service à la science, en faisant connaître le nom des espèces douées de cette nouvelle habitude, pour laquelle tous les perroquets à moi connus manquent dans leur organisation les facultés principales et nécessaires. Pour réunir toutes ces facultés dont les oiseaux de proie sont doués, à un degré plus ou moins parfait, et qui dépendent de leur organisation entière; il leur faut plus que des serres comme moyens de préhension; de telles armes ne suffiraient point aux perroquets; il leur faudrait une charpente osseuse toute différente de celle qu'ils ont, particulièrement dans les moyens du vol et dans les soutiens qui permettent aux ailes ces mouvemens violens et prompts; il leur faudrait, indépendemment du bec et des muscles particuliers qui font mouvoir les mandibules, des moyens de vision trés-differens; et tous ces caractéres réunis ne suffiraient point encore, sans le secours des organes intérieurs et particulièrement de ceux de la nutrition. Mais je m'arrête trop longtems à prouver le ridicule des semblables rapprochemens.

Dans la 2e. famille figurent les *pics* et les *torcols;* les caractères donnés à ces genres, ainsi qu'au genre *Jacamar*, sont presque nuls; il suffit de comparer le peu que Mr. Vieillot en dit aux caractèrcs donnés par Mr. Illiger dans son prodromus. Dans les familles des *imberbes*, des *granivores*, des *pericalles*, des *tisserands*, des *manucodiates*, des *coraces*, des *collurions*, des *chanteurs* et des *colombins*, on voit une multitude de genres créés sans motifs nécessaires, et dont les caractères ont trop peu de valeur étant comparés avec ceux des genres voisins. Les *porte-lyres* et le *hoazin* sont éloignés du grand ordre *gallinacés;* par ce moyen l'auteur évite de tomber dans les erreurs commises à cet égard par Mr. Illiger.

Dans le 3e. ordre, *Gallinacés*, je dois remarquer que le genre 188 *tocro*, où figure pour type le perdrix *guyanensis* Latham, diffère si peu des autres *colins* d'Amerique, qu'il n'existe aucune autre disparité que la *double échancrure* à la pointe de la mandibule inférieure, caractère peu marqué, dont on n'apperçoit même aucune trace lorsque le bec de cet oiseau est fermé. Il convient de réunir le *tocro* avec les autres *colins*, en les signalant *par leur bec gros, plus haut que large*, et comme formant un petit groupe naturel, composé d'espèces qui habitent l'Amerique (*). L'auteur ne forme point un genre séparé pour les oiseaux qui ressemblent à notre *caille*; les mœurs de ces oiseaux diffèrent cependant dans tous les pays, de ceux que nous connaissons aux *perdrix proprement dites*, et aux *francolins*: je crois cependant qu'il fait beaucoup mieux de les réunir en un genre, et de les sectionner en indiquant la forme très-caractérisée des ailes et celle de la queue: je préfère ce mode d'arrangement méthodique, à celui que j'ai établi dans mon histoire naturelle des pigeons et des gallinacés, ainsi que dans le manuel d'ornithologie; car il ne convenait point de séparer les *cailles* du genre *perdrix*, tandis que je réunis aux *perdrix proprement dites*, tous ces oiseaux connus sous le nom de *francolins*, à tarses éperonnés. Ces gallinacés diffèrent aussi par quelques-unes de leurs habitudes des véritables perdrix, et presque autant que les *cailles* et que les *colins* d'Amérique; l'opinion de Latham doit conséquemment servir de base à la formation de ce genre, qui sera subdivisé le plus convenablement en quatre sections, formant des petits groupes bien caractérisés.

Analysons encore dans ce 3e. ordre les deux genres 192 *tétras* et 193 *lagopèdes*, et voyons l'importance qui caractérise la séparation de ces oiseaux. L'auteur en plaçant autrement les mots dans l'un des genres que dans l'autre, ne peut cependant parvenir à nous signaler une différence marquée pour la forme du bec des tétras, comparée à celui des *lagopèdes*; car ces mots,

(*) Voyez Hist. naturelle des pigeons et des gallinacés, discours sur le genre perdrix v. 3. pag. 288 et suivantes, et article du tocro pag. 419 et suivantes.

un peu comprimés et *un peu obtus*, employés, dans le genre 193e., ne signifient rien; on doit naturellement se demander quel est le *maximum* ou le *beaucoup* de ces caractères dans le genre 192e. Les lagopèdes ont, dit-il, la mandibule inférieure presque trigone à l'origine, mais je ne vois point comment est la forme de cette mandibule dans le genre *tétras*, afin de pouvoir comparer les dissemblances. Chez les oiseaux qui composent ce dernier genre, il est dit que *le pouce porte à terne sur le bout, ou seulement sur l'ongle*, et dans le genre 193e, *pouce ne portant à terre que sur l'ongle;* pour affirmer une telle particularité, qui tient au maximum de deux, ou de trois lignes dans l'appui du doigt postérieur à terre, il faut que notre auteur ait vu marcher un grand nombre d'espèces de *tétras* et de *lagopèdes* en état de liberté, et qu'il soit pourvu d'un œil scrutateur; car on ne peut soupçonner que c'est uniquement sur des dépouilles, plus ou moins exactement montées, qu'une différence, presque la seule qui reste entre ces deux genres, ait été établie. Mais j'oubliais presque que l'auteur signale encore pour les tétras, *les tarses en partie nus*, et dans le genre lagopède, *tarses et doigts vêtus;* il devrait bien nous dire ce qu'il prétend faire *du tétras réhusak* (*), espèce qui a, dit-on, les mêmes mœurs que les autres soi disant lagopèdes, et chez laquelle la mue est double et la robe d'hiver blanche comme chez ces oiseaux, mais dont les doigts, *suivant le rapport*

(*) Espèce qui figure sous ce nom dans mon histoire naturelle des gallinacés, vol 3. pag. 225, et dans mon manuel d'ornithologie, à la page 297 Je n'ai jamais vu cet oiseau, et ne l'ai introduit dans mes ouvrages, que sur les indications de Brisson, Pennant, Martin, Retz et Meyer, naturalistes recommandables qui s'accordent dans les descriptions.

des naturalistes, sont nus et couverts d'écailles comme les autres tétras.

Le 4e. ordre est établi avec beaucoup plus de régularité et de précision que les trois ordres précédents; les caractères ont une valeur approchant égale d'un genre à l'autre Il conviendrait de supprimer de cet ordre les genres *chorlite*, *jabiru*, *anthropoïde*, *porzane*, *porphyrion* et *crymnophile.* J'observerai encore que l'auteur fait dans la 10e. famille *uncirostres*, avec sa 11e famille *hilebates*, la réunion la mieux vue et la plus heureuse. J'ai aussi formé le plan de séparer le genre *glaréole* dans un ordre distinct, et d'y comprendre les genres *creopsis* et *kamichi*, mais l'admission des autres genres ne m'était point venue à l'ésprit, Mr Illiger forme a peu-près la même réunion dans sa famille des *alectorides* (*), mais le genre *secretaire* n'est point du nombre, il convient cependant de le comprendre dans ce groupe naturel, composé d'oiseaux à bec courbé et crochu vers le bout, pourvus de long tarses, et dont le pouce s'articule plus haut que les autres doigts.

Enfin, dans le 5e. ordre *nageurs*, l'auteur n'a point formé ce grand nombre de nouveaux genres, comme dans les autres ordres, il se contente d'en produire deux, dont le premier sous le nom *mergule*, comprend des oiseaux qui peuvent être classés très-convenablement avec les *guillemots* dont ils diffèrent par un *bec plus court que la tête*, tandis que celui des guillemots est *plus long ou de la longueur de la tête;* ce petit groupe d'oiseaux doit former une section

(*) Je conserve ce nom pour le nouvel ordre, qui fera partie de la seconde édition du manuel d'ornithologie.

dans le genre *uria*, avec plus de motifs encore, vu que leur manière de vivre et toutes leurs habitudes semblent légitimer ce rapprochement. La proposition du nouveau genre *gorfou*, est parfaitement bien vue, car le *grand manchot* des iles malouines Buff. pl. Enl. 975, et les espèces conformées comme ce type, ne peuvent être réunies en un même genre avec le *manchot à bec tronqué* d'Afrique, du même auteur, pl. Enl. 382, *le vieux*, et pl. 1005 *le jeune de l'année;* mais Mr. Vieillot aurait dû indiquer plusieurs autres caractères essentiels qui servent à distinguer ces deux genres.

Nous trouvons encore reproduit dans cet ordre la séparation des *oies*, des *cygnes* et des *canards* en trois genres (*). Indépendamment des differences peu tranchées, dont les formes du bec et des pieds, ainsi que la position et la forme des narines, permettent de faire usage pour ces trois genres, nous observons encore, qne toutes les espèces dont ils sont composés portent des caractères generaux très-marqués, qui les distinguent des autrəs oiseaux palmipèdes, tandis qu'elles se ressemblent beaucoup entre-elles, c'est encore ici une des causes des difficultés qu'on éprouve pour établir de bonnes lignes de démarcation.

Voyons quels sont les signes extérieurs donnés par notre auteur au genre 260, *cygne*, comparés avec ceux donnés au genre 261 *canard*. Je trouve indiqué comme premier caractère essentiel, pour les cygnes; *Bec à base plus haute que large;* et dans les canards; *Bec a base plus*

(*) Mr. Illiger, mieux avisé sous ce rapport, sépare dans son prodromus les seules *oies*. Nous devons observer que ce savant ne connaissait point les nombreuses espèces exotiques qui réunissent au port et aux formes totales des oies, tous les caractères donnés pour les cygnes.

large qu'épaisse (*). D'après ces caractères nous devons ranger parmi les cygnes, les canards *eider*, *double macreuse*, *marchand* et surtout le *canard couronné* (*anas leucocephala*). Lath. Si la présence d'un tubercule charnu chez les cygnes, forme un caractère essentiel, il en résulte que le *cygne sauvage* et le *cygne noir* de l'Australasie, ne sont plus du même genre que le *cygne tubercule ou domestique;* dans ce cas les canards *tadorne* et *macreuse* portent les caractères du genre 260, et ces espèces doivent prendre rang parmi les *cygnes*. Plusieurs oiseaux placés avec les *oies*, ont aussi des tubercules sur le front, et les lamelles sur les bords du bec ne sont point coniques et pointues. Je pourrais alleguer encore d'autres preuves contre l'opinion de ceux qui divisent le grand genre *anas* de Linné, en trois genres distincts, mais les détails dans lesquels il serait nécessaire d'entrer, me porteraient audelà des limites que je me suis tracées dans cet écrit.

J'ai indiqué comme une des remarques principales sur la nouvelle classification publiée par Mr. Vieillot, qu'on le voit répéter trop souvent l'usage malheureusement en vogue de masquer des plagiats, sous le voile d'une étymologie ou d'une orthographie différente. Quoique l'auteur ne nous indique aucun des ouvrages modernes sur lequel *il prétend baser le sien*, on ne peut manquer de reconnaître dans sa classification et surtout dans les dénominations de ses familles et de ses genres, les sources où il a puisé. Il n'est guere permis de soupçonner que notre sa-

(*) Je suppose que l'auteur entend la même chose par la hauteur du bec et par son épaisseur.

vant a cru de bonne foi qu'on passerait son pillage sous silence, et que sa nouvelle classification et sa nomenclature seraient citées comme les fruits de ses propres découvertes, et des conceptions de son génie. Pour preuve, je vais indiquer le plus succintement possible, les endroits, seulement parmi les genres, où ce pillage est le plus évident.

Les genres indiqués en lettres italiques ont été employés dans les ouvrages antérieurs à Mr. Vieillot, les dénominations données à ces genres se trouvent plus ou moins altérées dans le sens ou dans l'orthographie, quelquefois remplacées par un nom synonyme ou différent; tels sont: *Cathartes* (Illiger prodromus mammalium et avium. Temminck manuel d'ornithologie). Catharista (Vieillot classification). — *Gypaëtus* (Cuvier, Ill. Meyer Temm.) Phène (Savigny, Vieill.). — *Petroglossus* (Illig. nom de genre). Petroglossi (Vieill. employé comme nom de famille). — *Pogonias* (Illig.), Pogonia (Vieill.) — *Centropus*. (Illig.). Corydonyx (Vieill.) — *Corythaix* (Illig.) Opœtus (Vieill.) *Ramphocelus*. — (Desmar). Ramphopis. (Vieill.). — *Icterus* (Briss.). Pendulinus, Yphantes et Angelaius. (Vieill.) — *Cephalopterus*. (Geoffroi, Illig.) Coracina. (Vieill.) — *Procnias*, (Illig.) Tersa (Vieill.). — *Pastor* (Temm) Psaroïdos (Vieill.). — *Cinclus* (Bechst, Meyer, Illig.). Hydrobata. (Vieill.). — *Myiothera* (Illig.). Myrmothera et Conopophaga (Vieill. genres 139 et 113.) (*). —

(*) L'auteur pour rendre le brouillamini encore plus complet, fait usage du nom générique Myiothera, proposé par Mr. Illiger, pour dénomination de sa 18e. famille. On ne voit point pourquels motifs il a plu à Mr. Illiger de changer le nom de Myrmecophaga, proposé par Mr La Cépède, en celui de Myiothera; si le premier est donné contre les règles à observer dans la nomenclature, le changement nouveau sert à causer des désordres dans les idées; des deux erreurs la dernière est la pire.

Accentor; ce n'est pas Mr. Meyer qui a le premier fait usage de ce nom, mais Mr Bechstein, cité par le premier. — *Saxicola* (Meyer) *Oenanthe* (Vieill. . *Anthus*; Ce n'est pas Meyer mais Bechstein. — *Xenops.* (Hoffmansegg. Illig) Neops. (Vieill.) — *Tichodroma* (Illig Temm) Petrodroma (Vieill.) — *Dendrocolaptes* (Hermann. Illig.). Dendrocopus. (Vieill.). — *Momotus* (Briss.) *Prionites* (Illig et Baryphonus. (Vieill. (*) — *Opisthocomus* Hoffm. Illig.) Orthocorys. (Vieill.). — *Polyplectron* (Temm.) Diplectron (Vieill.) — *Lophophorus.* (Temm.) Monaulus (Vieill.). — *Crypthonix.* (Temm.) Lyponyx (Veill.). — *Tinamus.* (Lath. Temm.) *Crypturus.* (Illig.) et Cryptura (Vieill). — *Haemipodius.* (Temm.) *Ortygis*, synonime avec *Coturnix* (Illig.) et Ortygodes. (Vieill.) — *Pterocles* (Temm.) Oenas (Vieill.) — *Syrrhaptes* (Illig. Temm.) Heteroclitus. (Vieill.) — *Cursorius.* (Lath. Meyer, Temm.) Tachydromus. (Illig Vieill.) — *Arenaria.* (Bechst, Leisler, Temm.) Calidris. (Illig. Vieill.) — *Limosa* (Briss. Leisl Temm.) Limicula. (Vieill.) — *Eurypyga.* (Illig.) Helias (Vieill.) — *Dicholophus.* (Illig.) Lophorhynchus (Vieill.) — *Gypogeranus* (Illig.) Ophiotheres. (Vieill.) (**). — *Chauna* (Illig.) Opistholophus. (Vieill.) — *Carbo.* (La Cép. Meyer Temm) *Halieus* (Illig.) *Phalacrocorax* (Briss) et Hydrocorax (Vieill.) (***). — *Sula* (Briss. Cuv. Bechst. Temm.) *Dysporus.* (Illig.)

(*) Nous sommes bien avancés de connaître sous trois noms différens, les dépouilles de cet oiseau, l'unique du genre *Momot.* Mr. Vaillant a créé deux espèces; mais son *Momot domsé*, est un jeune de l'année, de l'espèce connue.

(**) Ajoutez à ces deux noms, ceux de *Serpentarius.* Cuvier, et *Secretarius* Daudin.

(***) Ce sont il me semble assez de noms pour désigner le genre *Cormoran.*

et Morus (Vieill.) — *Lestris* (Illig. Temm.) Praedatrix (Vieil.) — *Mormon* (Illig. Temm.) Larva (Vieill.) Ce sont là quarante exemples qui servent à prouver le pillage de notre auteur ; ils font voir en même tems que son plan et ses résultats sont loin d'offrir de la concordance ; car s'il avait été *persuadé qu'on ne doit faire que des innovations reconnues utiles, et que tout autre changement, bien loin de contribuer aux progrès de la science, ne fait que causer du désordre dans les idées, embarrasse et trompe la mémoire* (*a*) ; il ne serait pas venu nous offrir une série de noms nouveaux pour des genres déjà connus et bien déterminés.

Pour completter l'apperçu que je viens de présenter, il m'a paru nécessaire de le faire suivre d'une série de noms de genres dont l'auteur fait usage, tels qu'ils se trouvent dans les ouvrages d'autres naturalistes, sans qu'il se donne la peine de citer les auteurs ; tels sont, parmi les genres bien déterminés, *Cypselus*, Illig. *Platyrhynchos*, Desmar. *Sparactes*, Illig. *Mellusiga*, Briss. (*b*). *Argus*, Temm. *Oedicnemus*, Temm. *Tachydromus*, Illiger (*c*). *Glareola*, Briss. *Vanellus*, Briss. *Strepsilas*, Illig. *Ibis*, La Cép. *Anastomus*, Encyc. *Ciconia*, Briss. *Grus*, Pall. *Heliornis*, Encyc.

Non content de cette série de noms nouveaux grecs et latins, nous voyons l'auteur suivre la même marche de réforme en français ; pour des noms connus et assez généralement adoptés, ou pour ceux proposés dans les dernières années, il

(*a*) Voyez page 1er de son analyse.

(*b*) On peut demander pourquoi Mr. Illiger a changé ce nom en celui de *nectarina* ?

(*c*) C'est le même que *Cursorius*, Lath.

en substitue de nouveaux, ou associe l'ancien avec un autre moins généralement connu. Comme *Phene* pour *Gypaëte*. *Gallinace* pour *Catharte*. *Krinis* pour *Bec-croisé*. *Jacapa* pour *Ramphocèle*. *Moucherolle* pour *Gobe-mouche*. *Collurie* pour *Pie-grèche*. *Psaroïde* pour *Pâtre*. *Aguasière* pour *Cincle*. *Myrmotère* pour *Fourmillier*. *Pegot* pour *Accenteur*. *Picchion* pour *Tichodrome*. *Puput* pour *Huppe*. *Alcyon* pour *Martin pêcheur*. *Treron* pour *Colombar*. *Monaul* pour *Lophophore*. *Ortygode* pour *Turnix*. *Anastome* pour *Bec-ouvert*. *Gallinule* pour *Poule-d'eau*. *Phaéton* pour *Paille-en-queue*. *Sterne* pour *Hirondelle-de-mer*. *Macareux* et *Alque* pour *Pingouin*. (*) *Aptenodyte* pour *Manchot*.

Je termine ici mes remarques sur cette nouvelle méthode, quoique les deux premiers ordres m'eussent encore fourni un vaste champ à la critique; mais en formant l'analyse des genres, et en les confrontant tous, je me trouverais avoir composé un cannevas de classification méthodique, ce qui pour le moment est la moindre de mes idées. Les mombreuses observations que j'ai été dans le cas de rassembler dans les museums et dans les principaux cabinets de Zoologie, d'Europe, peuvent me fournir au besoin des matériaux abondants. Cependant à mesure que je suis parvenu à augmenter mes connaissances sur l'étude de la nature libre, et que j'ai rassemblé un plus grand nombre d'observations, par l'examen d'une multitude d'individus déposés dans les cabinets, plus j'ai senti s'accroître et s'accu-

(*) Les espèces données pour types dans ces deux genres, s'y trouvent singulièrement confondues, et les oiseaux connus partout sous le nom de *Pingouins*, disparaissent pour faire place aux *Macareux*, qui ne sont point du même genre que les premiers.

muler les difficultés pour donner à une méthode artificielle ce degré de perfection, qui seul peut la rendre utile. J'abandonne volontiers ce travail stérile et ingrat aux naturalistes compilateurs, et à ceux qui supposent avoir tout fait, lorsqu'ils ont vérifié leurs divisions, établies souvent d'avance, sur une seule collection d'ornithologie, ou au defaut d'objets en nature, simplement sur des figures d'oiseaux. Des méthodes ainsi basées, augmentent le desordre et surchargent la mémoire. Ce ne sera jamais par l'examen d'une seule collection qu'on parviendra à former une bonne méthode, mise à niveau des découvertes nouvelles; tous ceux qui voudront suivre un pareil plan, n'atteindront point le but desiré. L'ornithologie et l'ichteologie, forment deux classes trop riches en espèces, et celles-ci trop dispercées dans les nombreux cabinets de l'Europe, pour qu'un naturaliste sédentaire, puisse espérer d'accomplir l'immense travail que demande l'échaffaudage naturel des genres, et la classification des êtres destinés à faire partie d'une telle méthode.

Amsterdam 15 Janvier 1817.

www.ingramcontent.com/pod-product-compliance
Ingram Content Group UK Ltd.
Pitfield, Milton Keynes, MK11 3LW, UK
UKHW022134260726
13993UKWH00003B/1427